Kaggleで磨く
機械学習の実践力

実務×コンペが鍛えた
プロの手順

諸橋政幸　著

リックテレコム

はじめに

　近年、データ分析／ AI の認知が広がり、この領域に入っていきたい社会人や学生が増えています。一方でその歴史が浅いため、どうやって取り組んだらいいか迷っている人が多いと思います。

　その中でも「機械学習」は特に注目を浴びており、データの集まりから共通の法則性を見出すその仕組みはビジネスで大いに活用されています。しかし、この機械学習は扱いが難しく使いこなしが必要です。

　そこで、実務でのデータ分析の経験に加え、様々な分析コンペティションに参加した経験の両面を活かし、業務に活かせる分析技術や考え方をまとめました。

本書が目指すこと

- 分析コンペのプラットフォームである「Kaggle」を活用し、手を動かしながら、機械学習を用いたデータ分析の基本的な進め方を修得する

- 分析設計を行ない、Python を使って「自身の力で」分析スクリプトを作成する

- 実際に手を動かして、分析の楽しさを感じてもらう

対象読者

　スキルレベルとしては、「データ分析の初級者」を対象とし、実務で役立つ基本スキルの獲得を目指します。

- 社会人・学生を問わず、データサイエンティストになりたい方

- データサイエンティストのスキルを磨きたい方（脱初級者を目指す方）

- Kaggle に興味のある方、趣味で分析をしている方

前提知識

　データ分析や機械学習の知識があまりなくても構いません。必要なことは読み進めながら理解していけば大丈夫です。なお、必須ではありませんが以下のスキルがあることが望ましいです。

- プログラミングの経験（特に python 言語）

- 中学レベルの数学の知識

分析ツール

　分析ツールとして、Kaggle が提供している分析環境を利用しています。プログラミング言語には、現在の機械学習の主流言語である「Python」を使用します。

本書の構成

　本書は 3 部構成になっています。体系的にスキルを理解するために、1 章から順番に読み進めてください。飛ばして読んでも構いませんが、順番に読むことで理解度が高まる構成となっています。

- **第 I 部 分析実務と Kaggle**
  データサイエンティストに必要なスキルや、学習ツールとしての Kaggle の活用方法を説明します。Kaggle のアカウントの作成方法（2 章）や、分析環境（3 章）なども紹介します。

- **第 II 部 機械学習の進め方**
  機械学習の全体の進め方や、各ステップにおけるやり方を、サンプルデータとスクリプトを使って説明します。説明では Kaggle の練習問題である「Titanic」を使用します。

- **第 III 部 実践例**
  Kaggle で実際に行なわれた 2 つのコンペを例にして、第 II 部で説明した手順を使った解き方の例を説明します。
  - Home Credit Default Risk
  - MLB Player Digital Engagement Forecasting

　本書では「体験」を大事にしています。第 II 部・第 III 部ではスクリプトをたくさん載せていますので、是非手を実際に動かして体験してみてくだい。本書を通じ、データ分析の楽しさを読者の皆さんと共有できたら何よりです。早速、始めていきましょう。

各種ご案内

● ダウンロードサービス

本書をお買い上げの方は、本書に掲載されたものと同等のプログラムやデータのサンプルのいくつかを、下記のサイトよりダウンロードして利用することができます。

http://www.ric.co.jp/book/index.html

リックテレコムの上記 Web サイトの左欄「総合案内」から「データダウンロード」ページへ進み、本書の書名を探してください。そこから該当するファイルの入手へと進むことができます。その際には、以下の書籍 ID とパスワード、お客様のお名前等を入力していただく必要がありますのであらかじめご了承ください。

書籍ID ： ric1326 パスワード ： prg1326

配布スクリプトの取得方法とご利用手順

本書に記載しているスクリプトは、上記の手順で入手できます。また、章ごとに利用するスクリプト（Notebook 名）と、Kaggle のコンペの対応関係は下の表のとおりです。**本書のスクリプトは、Kaggle の提供する分析環境で動作させることを前提としています。この分析環境の説明と利用手順は 3 章の 3.4 節「分析環境の準備」に記載しています。** その他の環境での動作確認はしておりませんのでご注意ください。

#表 配布スクリプト一覧

#	章	Notebook 名	対象コンペ
1	4 章	Kaggle_CH04.ipynb	Titanic – Machine Learning from Disaster https://www.kaggle.com/competitions/titanic
2	5 章	Kaggle_CH05.ipynb	同上
3	6 章	Kaggle_CH06.ipynb	同上
4	7 章	Kaggle_CH07.ipynb	Home Credit Default Risk https://www.kaggle.com/competitions/home-credit-default-risk
5	8 章	Kaggle_CH08.ipynb	MLB Player Digital Engagement Forecasting https://www.kaggle.com/competitions/mlb-player-digital-engagement-forecasting

手順 1．コンペページにアクセスする

例えば第 4 章では「Titanic – Machine Learning from Disaster」コンペを題材としているので、まずは上の表に記載された URL にアクセスしてください。

手順 2．コンペページから分析環境を起動

コンペページにアクセスしたら、メニューから「Code」を選択してください。次に、表示される画面の右上にある「New Notebook」を選択してください。すると Kaggle の分析環境が起動します（第 3 章の図 3-5 および図 3-6）。

手順 3．分析環境にスクリプトをアップロード

分析環境の「File」メニューを選択し、その中から「Import Notebook」を選択します。「Import from file」という画面が表示されるので、そこの「Drag and drop file to upload」の領域に、ダウンロードしたスクリプトをドラッグ＆ドロップします。そうすると、スクリプトがアップロードされて読み込まれ、ファイルが開きます。

手順 4．分析開始

分析環境の準備とスクリプトの読み込みが終わったので、あとは本書を読みながら、上から実行してください。

基本的な操作方法だけ、以下に簡単に説明します。はじめて利用する方は戸惑うかもしれませんが、操作自体はシンプルなので、何度も操作すれば慣れると思います。とにかく触って慣れていくことが大事です。

(1) Session の起動方法

Notebook を立ち上げた直後は、Session は起動していません。Session は、どこかのセルを実行したタイミングで自動的に起動します。このため、初回のセル実行には多少時間を要します。

(2) Notebook の保存方法

編集した Notebook は、画面右上の「Save Version」をクリックすることで保存できます。保存には 2 種類あり、表示されているセルと出力結果をそのまま保存するパターンと、全てのセルを実行しつつ保存するパターンがあります。

- 保存のみ：Save Version > Quick Save > Save
- 全セル実行しつつ保存：Save Version > Save & Run All (commit) > Save

(3) スクリプトの実行

セルごとにスクリプトを実行できます。次の実行方法があります。

- メニューにある「▷」アイコンを押す
- Shift + Enter（フォーカスしているセルの位置が 1 つ下へ移動）
- Ctrl + Enter（フォーカスしているセルの位置はそのまま）

● 開発環境・動作確認環境

　本書記載のプログラムコードは、Kaggle が提供している Kaggle サイト上の分析環境（Notebook）で動作確認を行いました。

　執筆当時の Kaggle 分析環境（下記に条件を記載）と、最新のものとでは、ライブラリのバージョンが異なる可能性があります。これに伴い、学習過程／予測値／評価値などに多少の誤差が生じることがあります。また、GPU 利用や並列処理をした場合も再現性がないことがあります。これらはそういうものだとご理解ください。

- 実行環境：Kaggle の Notebook
- Python：3.7.12
- 主なライブラリ（Kaggle 環境であればインストール済）：numpy=1.21.6、pandas=1.3.5、tensorflow=2.6.3、lightgbm=3.3.1、scikit-learn=1.0.2

● 本書刊行後の補足情報

　本書の刊行後、記載内容の補足や更新が必要となった場合、下記に読者フォローアップ資料を掲示する場合があります。必要に応じて参照してください。**2024 年 3 月現在、主要ライブラリのバージョンアップ等に伴い、いくつかの補足事項がありますので確認をお願いします。**

https://www.ric.co.jp/pdfs/contents/pdfs/1326_support.pdf

● 正誤表

　本書の記載内容には万全を期しておりますが、万一重大な誤り等が見つかった場合には、弊社の正誤表サイトに掲載致します。アクセス先 URL は奥付（最終ページ）の左下をご覧ください。

目次

第 I 部　分析実務と Kaggle

第 1 章　実務に必要なスキルとは　　　　1

第 2 章　Kaggle の概要　　　　13

第 **3** 章 **Kaggle を学習ツールに** **39**

第 **Ⅱ** 部 **機械学習の進め方**

第 **4** 章 **ベースライン作成** **53**

第 **5** 章 　**特徴量エンジニアリング** 　**101**

第6章　モデルチューニング　　161

第 9 章　データサイエンティストの未来　　349

Column

コラム一覧

第 1 章

実務に必要なスキルとは

　第 1 部では、データサイエンティストの業務内容や必要なスキル、Kaggle の概要、その Kaggle を学習ツールとして使う方法などを説明していきます。

　1 章：実務に必要なスキルとは

　2 章：Kaggle の概要

　3 章：Kaggle を学習ツールに

　その中で、本章では、データサイエンティストとは何か、必要なスキルとは何か、Kaggle の有用性について紹介していきます。

1.1 データサイエンティストという職業

　AI やディープラーニングというキーワードが近年注目されています。一時期はバズワードだと言われていましたが、すでに業務で活用されたりシステムに組み込まれたりと、かなり浸透しています。それに伴い、データサイエンティストという職業もすでに定着したと言ってよい状況にあります。学生や会社員の中にも、データサイエンティストになって就職や転職したいと思っている人は多くいると思います。

　データサイエンティストと聞くと、「Python を使って機械学習[*1] やディープラーニングでモデルを作成する人」というイメージを思い描く方が多いかもしれません。しかし実際には、色々なタイプのデータサイエンティストがいます。例えば分析対象の面で見ると、自社の業務やサービスを分析する人と、他社の業務やサービスを分析する人がいます。また、所属企業のタイプで分けると、IT ベンダ、分析専業ベンチャー、研究所、コンサルティング会社など、様々な企業があります。さらに技術領域で分けると、機械学習、画像認識、自然言語、音声認識などがあります。

　これらのデータサイエンティストのタイプを整理すると、**表 1-1** のようになります。

表 1-1　データサイエンティストの分類

呼称	概要
データアナリスト （コンサルタイプ）	解くべき課題を把握し、どうやって解決し、現場で活用していくかを考える人。技術スキルに加え、コンサルティング力が必要
データアナリスト （エンジニアタイプ）	課題を解決するためにデータを活用。機械学習やディープラーニングを使うこともある
機械学習エンジニア	機械学習を用いたモデル作成に特化した人
ディープラーニングエンジニア （画像 / 自然言語 / 音声）	ディープラーニングを使ったモデル作成に特化した人。専門性が高く、画像・自然言語・音声に特化する人もいる
研究者	大学や企業に所属する研究者。機械学習やディープラーニングなどの分析技術や先進技術の研究・開発をしている人

---

*1　機械学習とは、データの集まりから共通の法則性を自動的に見つけてくれるものです。「教師あり学習」「教師無し学習」「強化学習」の3つがあり、本書では「教師あり学習」を扱っています。「教師あり学習」では、入力データと出力データの間の法則性を発見することで、入力から出力を推論できるようになります。

　この分類でいうと、データアナリスト（コンサルタイプ）の中には、Python を使ったモデリングを行わない人もいます。「データサイエンティストなのにデータを使って分析しない人なんているの？」と疑問に思う人もいるでしょう。しかし、むしろこのコンサルタイプは非常に重要で、現場で不足している貴重な人材です。なぜなら、分析を開始するには「そもそも何が課題なのか」「それを解決するとどんな価値が出るのか」を整理・検討しなければならないからです。解くべき課題の認識が間違っていたり、解決してもビジネス的価値が低ければ意味がありません。筆者の会社でもこのコンサルタイプの育成に力を入れており、筆者の所属する部署では「まず身に付けるべきスキル」として位置付けています。

　一方、機械学習エンジニアであれば、1 日じゅうデータ加工や機械学習モデルのチューニングをしている人もいます。皆さんのイメージするデータサイエンティストに一番近いかもしれません。

　また、これらのタイプを複数兼ねる人もいます。例えば筆者の場合はベンダ（製造業）に所属し、機械学習やディープラーニングを用いて、お客様の業務やサービスの課題を解決する仕事をしています。顧客課題を解決するという意味ではコンサルタイプのデータアナリストであり、手を動かして分析もしていますのでエンジニアタイプのデータアナリストでもあります。業務時間の配分で言うと、時期や担当しているプロジェクトにもよりますが、客先や社内での打ち合わせと資料作りや分析設計の検討が 8 割で、実際にデータ分析をする時間は 2 割くらいだと思います。

　実際のデータサイエンティストの仕事内容が、少し具体的になったでしょうか。

データサイエンティストに必要なスキル

　データサイエンティストに必要なスキルは、「ビジネス力」「データサイエンス力」「データエンジニアリング力」です。これは一般社団法人データサイエンティスト協会で定義されており、一般に共通認識とされています。

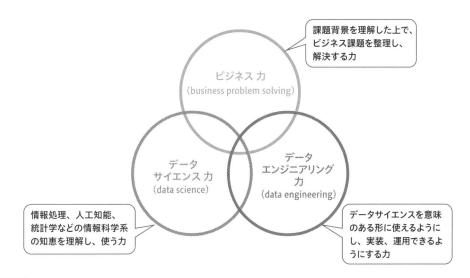

図 1-1 データサイエンティストに必要なスキル（出典：データサイエンティスト協会の資料）
http://www.datascientist.or.jp/files/news/2014-12-10.pdf

　1番目の「ビジネス力」は「課題背景を理解した上でビジネス課題を整理し、解決する力」と定義されています。これは解くべき課題を正しく把握したり、その課題をデータ分析で解ける問題へと落とし込んだりする力です。ここはITの技術ではなく、どちらかというとコンサルティング力が必要になる領域です。

　2番目の「データサイエンス力」は「情報処理、人工知能、統計学などの情報科学系の知恵を理解し、使う力」と定義されており、統計学や機械学習などのデータ分析に関するスキルを指します。

　3番目の「データエンジニアリング力」は「データサイエンスを意味のある形で使えるようにし、実装、運用できるようにする力」と定義され、データの収集や加工に関するスキルを指します。

　この 2 番目と 3 番目が、一般的に想像されがちなデータサイエンティストのスキルだと思います。人によっては 2 の中の「機械学習」や「ディープラーニング」のスキルだけを思い描くのではないでしょうか。しかし、1 から 3 のすべてがデータサイエンティストに必要なスキルであることが重要なポイントです。

　また、これら 3 項目は、データサイエンティスト協会によってさらに具体化されています。スキルが 4 段階（業界を代表するレベル、棟梁レベル、独り立ちレベル、見習いレベル）のレベルに分けて定義されています。**図 1-2** はビジネス力の一部抜粋です。非常に参考になるので是非参照してください。

NO	SubNo	スキルカテゴリ	スキルレベル	サブカテゴリ	チェック項目	DE	DS	必須スキル
1	1	行動規範	★	ビジネスマインド	ビジネスにおける「論理とデータの重要性」を認識し、分析的でデータドリブンな考え方に基づき行動できる			○
2	2	行動規範	★	ビジネスマインド	「目的やゴールの設定がないままデータを分析しても、意味合いが出ない」ことを理解している			○
3	3	行動規範	★	ビジネスマインド	課題や仮説を言語化することの重要性を理解している			○
4	4	行動規範	★	ビジネスマインド	現場に出向いてヒアリングするなど、一次情報に接することの重要性を理解している			○
5	5	行動規範	★★	ビジネスマインド	社会における変化や技術の進化など、外的要因による分析プロジェクトへの影響をある程度見通し、柔軟に行動できる			○
6	6	行動規範	★★	ビジネスマインド	ビジネスではスピード感がより重要であることを認識し、時間と情報が限られた状況下でも、言わば「ザックリ感」を持って素早く意思決定を行うことができる			○
7	7	行動規範	★★	ビジネスマインド	作業ありきではなく、本質的な問題（イシュー）ありきで行動できる			○
8	8	行動規範	★★	ビジネスマインド	分析で価値ある結果を出すためには、しばしば仮説検証の繰り返しが必要であることを理解し、粘り強くタスクを完遂できる			○
9	9	行動規範	★★★	ビジネスマインド	プロフェッショナルとして、作業ではなく生み出す価値視点で常に判断・行動でき、真に価値あるアウトプットを生み出すことにコミットできる			○
10	10	行動規範	★	データ・AI 倫理	データを取り扱う人間として相応しい倫理を身に着けている（データのねつ造、改ざん、盗用を行わないなど）			○
11	11	行動規範	★	データ・AI 倫理	データ、AI、機械学習の意図的な悪用（フェイクニュース、Bot の悪用など）があり得ることを勘案し、技術に関する適切な知識と倫理を身につけている			○
12	12	行動規範	★★	データ・AI 倫理	AI・機械学習がもたらす現在の倫理課題を説明できる（ディープフェイクによるプライバシーの侵害、バイアスによる人種差別、学習済みモデルのリバースエンジニアリングによる知的財産の侵害など）	*		○
13	13	行動規範	★★★	データ・AI 倫理	会社や組織全体におけるデータの取り扱いに関する倫理を維持・向上させるために、必要な制度や仕組みを策定し、その運営を主導することができる			○
14	14	行動規範	★	コンプライアンス	直近の個人情報に関する法令（個人情報保護法、EU 一般データ保護規則：GDPR など）や、匿名加工情報の概要を理解し、守るべきポイントを説明できる			○

図 1-2　スキルチェックリスト（出典：データサイエンティスト協会「スキルチェックリスト 2021 年版 ＜ビジネス力＞」より一部抜粋）

https://www.datascientist.or.jp/common/docs/skillcheck_ver4.00_simple.xlsx

　データサイエンティスト協会のスキルカテゴリ一覧を見て、必要とされるスキルの多さに驚いた方もいるでしょう。ただ、すべての領域を完全にマスターしている人はほぼいませんし、その必要もありません。1 つのプロジェクトを推進する際には、必要なスキルを持つメンバを集めて、チーム全体でカバーできるようにするからです。

　しかし、プロジェクトによっては多くの人を集める費用がなく、しかもデータサイエンティスト人材は不足気味なので、少人数で対応することが多いのが実情です。そのため 1 人ですべてに対応するときもあります。

　こうしたことから、平均レベルで構わないので、なるべく幅広いスキルの修得を目指すとと

もに、自身の強みとなる領域を 1 つ持つことをお勧めします。筆者の場合で言うと、データ分析プロジェクトにおいてプロジェクトマネージャを務めることもあれば、データの前処理加工から機械学習モデルの作成をすることもあります。さらにはお客様への打ち合わせ資料作成や報告まで行っていますが、その中でも「データサイエンス力を強みにしよう」と心掛けています。

分析技術の「使いこなし」スキルの重要性

　スキルの代表的な学習方法としては、書籍や Web 等による自主学習や、研修などがあります。どちらの方法でも基本的な知識を得ることはできますし、好きな方を選択すればよいと思いますが、この分野では考える力や応用力が大事であるため、座学の基礎知識だけでは現場で働くには不十分です。

　数学で言うと、テストで高得点を取るには、理論を理解し基礎問題を解くだけでは不十分で、多くの応用問題を解く必要があるのと同じです。ビジネスの現場ではひたすら応用問題を解いていくことになるので、新しい問題に直面したときに、問題をどう捉え、どうアプローチして解決していくかを考える力こそが問われます。

　このようにデータサイエンティストのスキルは、単に知識として知っていればよいわけではなく、いわゆる「使いこなし」が重要なキーワードとなり、それがないと現場では役に立ちません。

　極端に言うと、理論が分かっていなくても、チューニングノウハウを知っていて精度の良いモデルが作れれば、それはそれでよいのです（あくまで極論です。正しく使うためにはもちろん理論の理解が不可欠です）。逆に理論は分かっていても、手を動かしてモデルを作ったことがないと、良いモデルを作るのは困難です。この使いこなしスキルを如何に身に付けるか、それがプロのデータサイエンティストになるための重要なポイントになります。

　さらに、データサイエンス力とデータエンジニアリング力には、ツールの使いこなし技術も含まれます。

　現在、データ分析に用いるプログラミング言語のうち最もポピュラーなのは「Python」です。OSS（オープンソースソフトウェア）であるため無料で利用できますし、迷ったら Python を選べば問題ありません。この Python が良い理由には、書籍や Web での関連情報が豊富なことが挙げられます。何か困り事があったり調べ物をしたりするときに、問題解決にかかる労力が少なくて済みます。ただ、筆者が現在の職場に就いた 2012 年頃は R の方が主流でしたので、もしかすると今後、何か別の言語やツールに置き換わる可能性もあります。そのときは Python に固執せず、柔軟に対応することも必要になると思います。

　そのほかにビジネスの現場では、プロジェクトの事情によって SAS や SPSS など、有償の分析ツールや BI（Business Intelligence）ツールが必要となる場面もあります。そのため、これ

らの利用実績やスキルを持っていると非常に有利なので、使える場面があれば積極的に使うことをお勧めします。代表的な有償ツールには、**表1-2** のようなものがあります。

表1-2 データサイエンティストが利用する有償ツールの例

ツールの名称	概要	開発元
SPSS	データ分析のソフトウェア製品群。統計解析ソフトウェアの SPSS Statistics や、機械学習にも対応したデータマイニングツールの SPSS Modeler などがある	IBM
SAS	データ分析のソフトウェア製品群。統計解析ソフトウェア、データ統合、BI、マーケティング分析など多様な製品群を提供。特に金融機関にて利用	SAS Institute
QlikView	BI ツール。意思決定のためにデータの集計・分析を行うソフトウェア	Qlik
Tableau	BI ツール。意思決定のためにデータの集計・分析を行うソフトウェア	Tableau Software
DataRobot	機械学習モデルを自動的に作成するツール。モデル学習部分だけでなく、ビジネス適用から運用までを自動化	DataRobot
H2O Driverless AI	機械学習モデルを自動的に作成するツール	H2O.ai

実務でのスキルアップの限界と Kaggle の活用

　本章の第 2 節（1.2）で述べたように、データサイエンティストのスキルには非常に多くの領域があります。これらを勉強して準備万端にしてからビジネスの現場に出て行こうとすると、相当効率よく学習した人か、学生時代にこれらを専門に学んできた人以外は、永久に現場に出られなくなってしまいます。しかし、現在はまだ過渡期にあることもあって、これらをきっちり学んではいない人が大半です。

　筆者自身も、現在の部署に配属された 10 年前は全くの素人・未経験でした。当時はあまりに学ぶべきことが多くて絶望しました。上司に相談して言われたのは、「必要な技術は必要なときに学べばよい」というシンプルな答えでした。この考えはいまでも実践しています。この考えの良いところは、自身にとって未知の技術が必要なプロジェクトに直面したときに発揮されます。即ち、「やったことがないから対応できない」ではなく、「やったことがないから新しい技術を学ぶチャンスだ」というマインドになれることです。

　実務におけるデータサイエンス分野の特徴として、同じプロジェクトは基本的にありません。プロジェクトが異なれば何かしらの差分があり、そこに難しさがあります。つまり、学びのないプロジェクトはなく、プロジェクトを完遂するごとに経験値が増え、技術の幅が広がり、スキルアップしていきます。

　かと言って、現場でプロジェクトをこなせば自然とスキルの幅が広がっていくかというと、そんなこともありません。なぜなら、実務のプロジェクトにはどうしても偏りがあるからです。すぐに成果が出るもの、すでに成熟した技術を利用するとか、実績があるなど、つまりは手堅いものがどうしても多くなります。

　また、「新技術を使ったプロジェクトに参加したい」と思っても、そんな都合のよいプロジェクトは簡単には見つかりません。反対に運よくそういうプロジェクトが急に舞い込んでも、「実績がないから受注できない」「そもそもスキルも自信もないから提案できない」というジレンマに陥ってしまいます。

　実務を通じたスキルアップは確かに有効ではあるものの、それだけではどうしても限界があります。そこを解決する手段として有効なのが、本書で扱う「Kaggle」です。

　Kaggle は分析コンペティションのプラットフォームです（詳細は第 2 章で説明します）。この Kaggle に出会ってから、筆者自身の分析スキルは飛躍的にアップしました。「出会う前と後

では全く違っている」といっても過言ではありません。それまでも機械学習を仕事で使っていましたが、独学だったこともあり、若干自信がないところもありました。しかし、Kaggle で機械学習漬けの生活をしてからは、自信を持ってプロジェクトで活用していますし、周りの人に使い方を教えるほどのレベルになりました。

　さらに、この Kaggle の一番の良いところは、やっていて「楽しい」ことです。Kaggle にチャレンジしている人は「Kaggler（カグラー）」と呼ばれます。彼らに「なぜ Kaggle に取り組んでいるのか」を尋ねたらほぼ 100％の確率で「楽しいから！」という答えが返ってくるでしょう。

　では、何が楽しいのかというと、筆者の場合は次の 3 つが大きいと言えます。

1. 参加者同士で「競い合う」ことが純粋に楽しい。スポーツとか将棋とかそういう感覚に近い。また、リアルタイムに順位が出るので、普段の生活では体験できないドキドキを味わえる。順位表、メダル、称号など、ゲーム性を高めるための仕組みがよくできている。

2. 「学びを得られる」ことが楽しい。解法や最新情報などを共有する仕組みと文化があり、コンペに参加することで何らかの学びがある。

3. ワールドワイド、かつ老若男女を問わず参加しているので、社外の人たちと知り合えたり、コミュニケーションが可能となったりする。

　本書では、この「Kaggle を楽しみながら機械学習スキルを磨く方法」について解説していきます。

Column

コラム①：私が分析をはじめたきっかけ

　2012 年、ビッグデータの流行をきっかけにして新しい部署が設立され、そこへ異動することになりました。これは筆者のデータ分析の経験や素養が買われたわけではなく、大学で専攻したからでもなく、本当にたまたまでした。

　大学は理学部の物理学専攻でしたし、就職してからも分析とは関係のない業務に就いていたので、全くの素人からのスタートでした。まずは基礎知識を得るために、統計学、機械学習、データマイニング、ディープラーニングなどの本を読み漁りました。当時は今ほど専門書がなかったこともあり、本屋にあるものを片っ端から買って読んでいました。

　そんなとき、「分析コンペ」なるものの存在を検索から知りました。書籍ベースの勉強に限界を感じていたこともあり、何となく興味を持ちました。

　ですが、それだけなら参加しなかったと思います。

　最後の 1 歩で背中を押したのは、「とにかくデータに触りたい」という思いでした。異動直後は私を含めほぼ全員が分析素人だったので、まず「仕事をとってくる」こと自体ができませんでした。経験のない人たちに誰もデータ分析を頼もうとしないのは当然でしょう。実績がないから仕事がとれない、仕事がとれないから実績が作れない……、負のスパイラルです。

　また、実績がないこと以上に問題だったのが、「自分に分析ができるのか不安」だったことです。コンペに参加すれば、とにかくデータに触れます。そして、「実際のデータを分析した経験がある」という自信が手に入ります。少なくとも手を動かすことで、分析していない人よりは先に行くことができます。

　最初に出たコンペは、今思えば順位もアプローチもひどいものでした。それでも何度も失敗を経験して試行錯誤していくうちに、自分なりのやり方を確立し、少しずつ自信を付けることができました。

　今思い出しても、あのとき 1 歩を踏み出して、本当によかったです。

第 **2** 章

Kaggle の概要

Kaggle とは？

　Kaggle は分析コンペティションのプラットフォームの名称です。登録すれば誰でも参加できます。不定期に新たな課題（タスク）が提示されるので、その課題について 3 カ月程度の期間で機械学習モデルを構築し、モデルの精度などのスコアを参加者同士が競い合います。

　課題には参加者各人が取り組みますが、Discussion や Code 等の機能（本章の 2.5 節で説明します）もあり、お互いに情報共有をすることも可能です。また、終了したコンペも公開されているため、過去の課題に取り組むことができます。

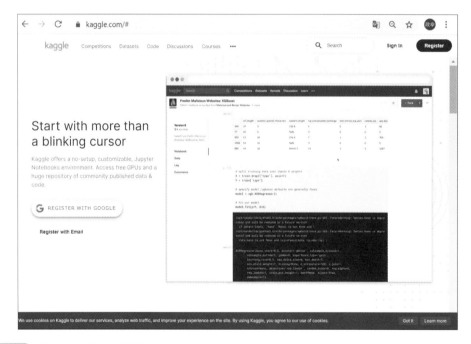

図 2-1　Kaggle のポータル画面

2.1.1 Kaggle の登場人物

このプラットフォームの仕組みを簡単に説明します。プラットフォームの登場人物としては「運営者」「企業」「参加者」がいます。

「運営者（＝ Kaggle）」は分析コンペティションを実施したい「企業」を募り、その企業から費用を徴収してコンペの企画・運営を行います。また、そのような場を提供することで優秀な人が集まるため、人材の発掘・採用も運営目的となっています。

「企業」は、自社のサービスや業務の問題解決の場としてこのプラットフォームを活用します。通常、データ分析業務を外部の業者に委託する場合、特定の 1 社への依頼となります。ところが Kaggle のような場を利用すれば、多くの人に分析をしてもらい、その中から精度の高いモデルを選ぶことができます。

コンペの「参加者」はコンペで提示された課題を解き、上位入賞の賞金やメダルの獲得を目指します。賞金はコンペによって異なりますが、総額数百万円から 1000 万円を超えるものもあります。賞金額は目を引くのですが、実態としては、賞金目当ての人は少数で、順位やメダルを目的に参加している人が多いように感じます。それには、「リーダーボード」という、順位表をリアルタイムで閲覧できる仕組みが一役買っています。オンラインゲーム的な要素を多分に含んでいるので、その魅力に取りつかれ、簡単に言うと「楽しいから」という理由でやっている人が大半のように見受けられます。

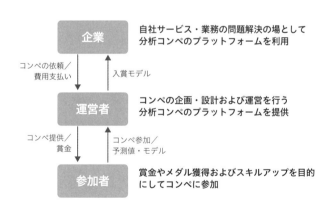

図 2-2 運営者・企業・参加者の関係

◗ 2.1.2 メダルと称号

　ここで、Kaggle において重要な要素である「メダル」と「称号」について説明します。これらは Kaggle のゲーム性を高まるための仕組みで、これによって参加者のモチベーションを上げています。

● コンペティションのメダル

　コンペティションでは、モデル精度の良さを競い、そのランキングに応じて参加者にメダルが授与されます。その条件は**表 2-1** のとおりで、参加チームの数によってメダルの数が変動する仕組みとなっています。よくある誤解ですが、「金メダルは 1 位、銀メダルが 2 位、銅メダルが 3 位」ではありません。

　例えば、200 チームが参加している場合は、上位 10 チームに金メダル、上位 20%である 40 チームに銀メダル、上位 40%である 80 チームに銅メダルが付与されます。また、1000 チーム参加なら、上位 10 チームに 2 チームを加えた 12 チームに金メダルが付与され、上位 50 チームに銀メダル、上位 100 チームに銅メダルが付与されます。

　参加チームが増えるほど競争は熾烈になりますが、メダルの総数も増えるという嬉しい仕組みとなっています。

表 2-1　コンペティションのメダルの取得条件

メダルの種類	0 ～ 99 チーム参加	100 ～ 249 チーム参加	250 ～ 999 チーム参加	1000 チーム 以上参加
金	上位 10%	上位 10 チーム	上位 10 チーム + 0.2% ※	上位 10 チーム + 0.2% ※
銀	上位 20%	上位 20%	上位 50 チーム	上位 5%
銅	上位 40%	上位 40%	上位 100 チーム	上位 10%

※「＋ 0.2%」とは参加チームが 500 増えるごとに付与メダル数が 1 個追加されることを意味します。
【出展】Kaggle: Your Machine Learning and Data Science Community（翻訳：著者）

● コンペティションの称号

　称号は 5 段階あり、取得条件は**表 2-2** のようになっています。「Novice」や「Contributor」は、アカウント作成やサブミット（予測値を提出すること）などの条件をクリアするだけで比較的簡単に取得できます。一方、「Expert」「Master」「Grandmaster」では、さきほどのメダル獲

得が必要となり、上位の称号になるほど取得の難易度が高くなっていきます。

なお、条件が銅メダルとなっているところは、金や銀でも構いません。例えば、Expert 取得には銅が 2 個必要ですが、銀メダル 2 個でも Expert になれます。

表 2-2 コンペティションの称号の取得条件

称号	条件
Grandmaster	金メダル 5 個（うち 1 個は 1 人チームでの取得）
Master	金メダル 1 個、銀メダル 2 個
Expert	銅メダル 2 個
Contributor	コンペティションで予測値を 1 回提出する等
Novice	アカウント作成

なお、メダルと称号は、「Competitions」だけでなく、後述する「Datasets」「Notebooks」「Discussions」にもそれぞれ存在しています。本書ではこれらの説明は省略しますが、興味のある方は下記 URL を確認してみてください。

● **Kaggle Progression System** [https://www.kaggle.com/progression]

2.1.3 分析コンペの数々

分析コンペティションのプラットフォームは、Kaggle 以外にもいくつかあります。国内だけでも SIGNATE、Nishika、Probspace、atmaCup があります。認知度が最も高いのは Kaggle です。認知度が高ければ、そこで得た順位やメダルの価値も高くなるので、どれに出るか迷ったとき、Kaggle を選べば間違いはないでしょう。また、プラットフォームにこだわらず、コンペの内容を見て、面白いと思うものを選ぶのもよいと思います。

以下に主な分析コンペティションの特徴を概観します。

● **Kaggle** [https://www.kaggle.com/]

最もメジャーな分析コンペのプラットフォームで、Google が運営しています。2010 年 4 月に設立され、2021 年 11 月時点の登録人数は 16 万人。参加人数が多く、メダルや称号の価値が高いです。情報共有のための仕組みも充実しており、情報収集のソースとしても活用できます。

- **SIGNATE** [https://signate.jp/]

SIGNATE 社が運営しています。2014 年頃から開催され、2021 年 11 月時点の登録人数（コンペ参加者の延べ人数）は 6 万人。日本国内の分析コンペのプラットフォームであり、参加者の大半が日本人です。日本語表記なので英語が苦手な人でも取り組みやすいです。情報交換を活発化する仕組みが Kaggle ほど充実していないですが、逆に自分で考える力を付ける場としては適していると言えます。また、初心者向けの講座や学習教材が充実しているので、まずはそれを活用するとよいと思います。

- **Nishika** [https://www.nishika.com/]

Nishika 社が運営する日本国内のコンペサイトで、2019 年頃から開催されています。課題やディスカッションが日本語表記なので取り組みやすいです。また、分析コンペの運営に加え、AI・データ分析領域に特化した求人や副業紹介も行っています。

- **ProbSpace** [https://comp.probspace.com/]

ProbSpace 社が運営する日本国内のコンペサイトで、2019 年頃から開催されています。賞金対象者のコードを公開し、参加者たちがレビューして順位を確定する「オープンレビュー方式」という面白い方式を採用しています。必然的に解法が共有されるため、非常に参考になります。

- **ぐるぐる（atmaCup）** [https://www.guruguru.science/]

atma 社が運営する日本国内の分析コンペのプラットフォームです。プラットフォーム名は「ぐるぐる」で、コンペは「atmaCup」という名称で 2019 年頃から開催されています。初期は 1 日限定のオンサイトコンペがメインでしたが、2021 年以降はコロナ禍に対応して 1 週間限定のオンラインコンペを開催。毎回面白い課題が設定されるので、1 週間という短期開催にもかかわらず参加者が多く、情報共有も活発に行われています。初心者向けのコードや YouTube を使った動画での説明もあり、初心者にもお勧めです。

2.2 Kaggle で学べること

機械学習モデルのシステム導入プロセスは、大まかに次の4つのフェーズに分かれます。

- **企画**：解決したい業務課題の特定、プロジェクトの発足
- **PoC（Proof of Concept）**：データ分析による実現性の検証、モデルの精度検証
- **開発**：機械学習モデルを組み込んだ業務システムの開発
- **運用**：業務におけるシステムの活用および運用・保守

機械学習や AI を活用したシステムの場合、「本当に実現できるのか」を確認する PoC というプロセスが不可欠です。

例えば、コールセンタにおける受電数を予測して、オペレータの必要人数を推定し、シフト最適化を図りたいとします。このとき、受電数をどのくらい正確に予測できるのかは「モデルを作ってみないと分かりません」。そのため、実際のデータを用いてモデルを作成し、精度を評価します。

Kaggle が対象としているのは、先ほどの4つのフェーズのうち「PoC」です。

機械学習モデルのシステム導入プロセス

図 2-3 プロセス全体と Kaggle のカバー範囲①

また、この PoC のプロセスをさらに細分化すると、「業務課題の理解」「データの準備」「分析設計」「データの前処理」「特徴量生成」「モデリング」「結果報告」といった工程のフローになります。これらのうち、「分析設計」「データの前処理」「特徴量生成」「モデリング」が Kaggle のカバー範囲です。

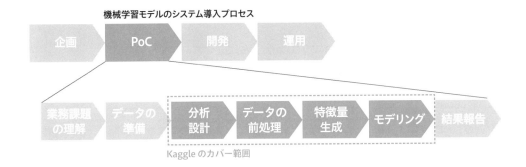

機械学習モデルのシステム導入プロセス

図 2-4　プロセス全体と Kaggle のカバー範囲②

　このように説明していくと、「Kaggle で扱う範囲は、実務で行う業務のほんの一部じゃないか」と思われるかもしれません。確かに一部ではありますが、これらは特に重要なプロセスです。

　世の中に便利な分析ツールやライブラリがあるので、作られるモデルの精度は分析者のスキルに依存しないように感じるかもしれません。しかし、問題をどのように捉えて学習させるかには多くの選択肢があり、最終的なモデルの精度は分析者のスキルに大きく依存します。

　筆者もはじめの頃は、「Python の機械学習ライブラリにデータを突っ込めば精度の高いモデルができるし、誰がやっても大差ないでしょ」と正直思っていました。いやいや、これはとんでもない大間違いであることに気付いたのは、Kaggle に参加してからです。この詳細については、具体的に第 4 章以降で解説します。

　Kaggle を通じて学べることは、上記の各プロセスを実践する力です。つまり、第 1 章で説明した「使いこなしスキル」のことです。Python や分析ツールの使い方もそうですし、課題に対する分析の進め方を考えることもそうです。コンペの課題を解いていくことで、実践さながらにこれらのスキルを磨いていけます。

　さらに Kaggle の良いところは、このあと本章の 2.5.4 項で説明する Discussion の機能を使って、他の参加者に質問したり、上位者のコメントをヒントにして解き進めたり、他の参加者が共有してくれた Code を参考にしたりすることで、使いこなしスキルを磨いていけることです。

Kaggle の学習ツールとしての メリット

Kaggle を学習ツールとしてお勧めする理由は、前節で述べたほかにもいくつかの長所があるからです。

- 出題される課題は、実際の企業のデータを用いた、現実に解決が待たれる問題なので、疑似的に実践経験を積むことができる。
- 複数の参加者がモデルの精度を競い合うので、自身の客観的な実力を測ることができる。
- モデルの精度改善につながる効果的な技術を知ることができる。
- 解法が共有されるため、他の人の解き方を知ることができる。

デメリットとしては以下のようなことが挙げられますが、これは元々の設計上そういうものなので、実際に Kaggle に取り組む際に心に留めておく程度でよいでしょう。

- 解くべき問題が主催者側から提供されるため、業務課題の把握や、課題から分析への落とし込み方は学べない。
- 課題が数値で客観的に評価できる問題に限定されるため、問題に偏りがある。実務では定性的な評価しかできない問題も多い。

様々な見方があると思いますが、Kaggle をお勧めする一番のメリットは「楽しい」ことです。勉強やトレーニングというと、続けるのが大変そうに感じてしまいます。楽しんで学べることは、とてつもなく大きなメリットになると思います。

ただ、ハマると中毒性が非常に高く、睡眠時間を削って取り組んでいる人が多いのも事実です。やりすぎて睡眠不足にならないよう気を付けましょう。

アカウント登録

Kaggle の機能説明をする前に、それらの機能を使えるようにするためのアカウント登録の仕方を説明します。未登録の人は、以下の手順に沿ってまずは登録をしましょう。なお、アカウント作成済みの方は本節を読み飛ばしてください。

先に注意点ですが、複数のアカウントを利用することは重大なルール違反となります。メールアドレスや Google アカウントを複数用意すれば作成できてしまうため、「問題ない」と思ってしまう方も稀にいるようです。この複数アカウント利用のチェックは、アカウント作成時ではなく、コンペの順位やメダルの確定時に行われ、発覚した場合は順位表から除外されます（当然メダルももらえません）。数カ月かけた取り組みが無駄になりますので、複数アカウント利用は絶対にしないでください。チームを組んでいた場合はチームメンバにも迷惑をかけてしまいます。

アカウント登録には 2 通りの方法があります。

- **パターン A：** Google アカウントを用いた登録
- **パターン B：** メールアドレスを用いた登録

違いは本人認証の仕方です。パターン A では、Google アカウントのログイン ID/ パスワードを、Kaggle 用のログイン ID/パスワードとして利用します。この方法では Kaggle 用のログイン ID/ パスワードの設定が不要なのでお勧めです。

一方、パターン B では、Kaggle 専用にログイン ID/ パスワードを設定します。初回の本人認証は、メールアドレスを介して認証用コードを通知することで行います。

まずはパターン A の登録手順を説明します。

2.4.1 パターン A：Google アカウントを用いた登録

● 手順 1：Kaggle のサイトへアクセス

　Kaggle サイトへアクセスし、画面右上の「Register」ボタンを押下してアカウント登録を開始します。

- **Kaggle の URL：** https://www.kaggle.com/

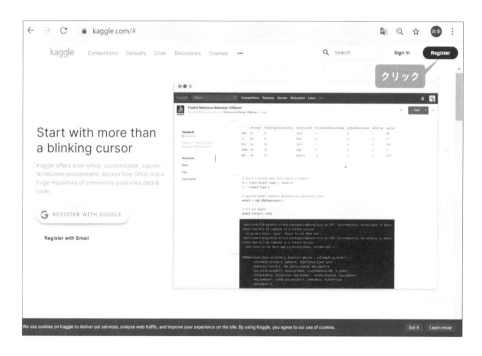

● 手順 2：登録方法の選択

　「Register with Google」「Register with your email」の 2 つの選択肢が表示されますので、上の「Register with Google」をクリックします。

● 手順 3：Google アカウントへのログイン

　ログイン画面が表示されたら、画面の指示に従って ID とパスワードを入力し、自身が保有している Google アカウントにログインしてください。画面の指示に従ってアカウントとパスワードを入力してください。

● 手順 4：Kaggle アカウントの情報入力

以下の情報を入力して、「Next」をクリックします。

- **Full name（displayed）**：表示ユーザ名
- **Username**：ユーザ名（初期値は自動設定、edit をクリックすると編集可能）

「表示ユーザ名」はアカウント作成後も変更可能です。

「ユーザ名」は Full name に応じて自動設定されますが、「edit」をクリックすることで変更できます。「ユーザ名」は一度設定すると変更できないので注意してください。

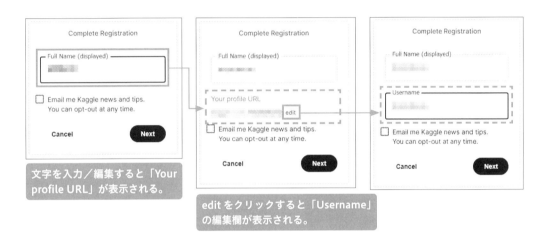

文字を入力／編集すると「Your profile URL」が表示される。

edit をクリックすると「Username」の編集欄が表示される。

● 手順 5：利用規約および個人情報の取り扱いに対する同意

規約が表示されますので、しっかり読んでください。内容に問題なければ「I agree」をクリックします。これでアカウント登録は完了です。

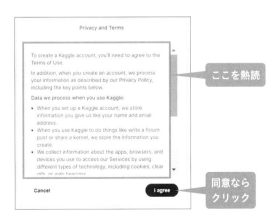

ここを熟読

同意ならクリック

次に、パターン B の手順を説明します。

2.4.2 パターン B：メールアドレスを用いた登録

● 手順 1：Kaggle のサイトへアクセス

Kaggle サイトへアクセスして、右上の「Register」ボタンを押してアカウント登録を開始します。

- **Kaggle の URL：**https://www.kaggle.com/

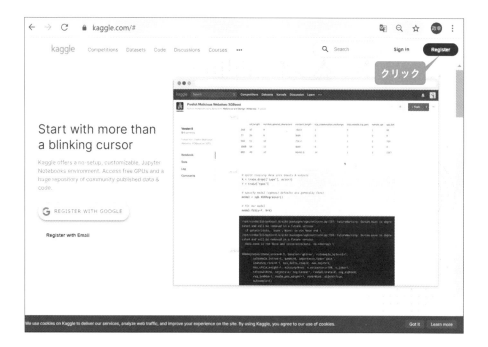

● 手順 2：登録方法の選択

「Register with Google」「Register with your email」の 2 つの選択肢が表示されますので、下の「Register with your email」をクリックします。

● 手順 3：登録情報の入力

以下の情報を入力して、「Next」をクリックします。

- **Email address**：メールアドレス
- **Password**：Kaggle アカウントのパスワード設定（7 文字以上）
- **Full name（displayed）**：表示ユーザ名
- **Username**：ユーザ名

「表示ユーザ名」はアカウント作成後も変更可能です。

「ユーザ名」は Full name に応じて自動設定されますが、「edit」をクリックすることで変更できます。「ユーザ名」は一度設定すると変更できないので注意してください。

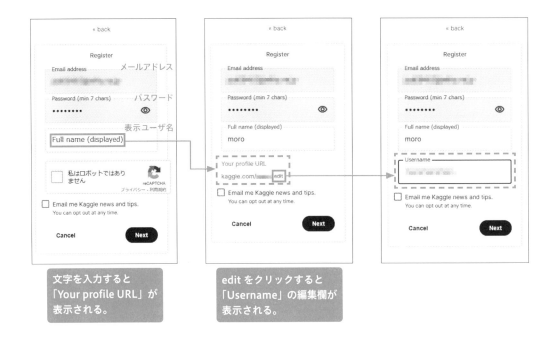

文字を入力すると
「Your profile URL」が
表示される。

edit をクリックすると
「Username」の編集欄が
表示される。

● 手順 4：利用規約および個人情報の取り扱いへの同意

　規約が表示されますので、しっかり読んでください。内容に問題なければ「I agree」をクリックします。

　クリックすると認証コード入力画面が表示されますが、ひとまずその画面のまま手順 5 へ進みます。

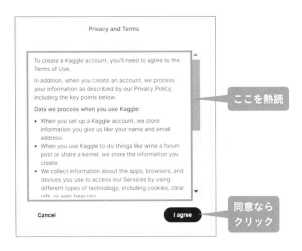

ここを熟読

同意なら
クリック

● 手順 5：メールで認証コードを確認

手順 3 で入力したメールアドレス宛てに 6 文字の認証コードが届きますので、それをメモします。

● 手順 6：認証コードの入力

手順 4 で表示されたコード入力画面の「Six-digit code」に、手順 5 でメモした 6 文字の認証コードを入力します。入力後に「Next」をクリックすればアカウント作成は完了です。

以上でアカウント登録は終わりですが、せっかくなので、プロフィール設定も併せて行ってください。プロフィール設定のメニューは、Home 画面の右上のアイコンをクリックすると表示されます。自身のプロフィールの閲覧は「Your Profile」から、編集は「Account」から行います（次ページの上図）。

- **Your Profile：**Kaggle 参加者へ公開する自身のプロフィール画面です。
- **Account：**アカウント情報の確認画面。右上の「Edit Public Profile」をクリックすると編集画面を表示できます。

上記の編集画面から、表示ユーザ名やアイコン画像などを変更できますので、プロフィール画面の表示を自由にカスタマイズしてください。

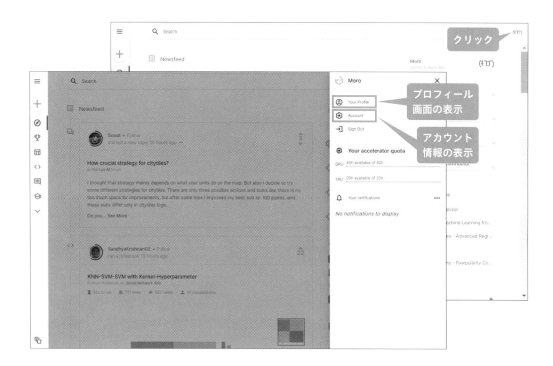

　プロフィール画面は以下のように表示されます。これは筆者のプロフィール画面です。このように、登録したアイコン画像に加え、コンペ参加状況やメダル、称号などが公開されます。

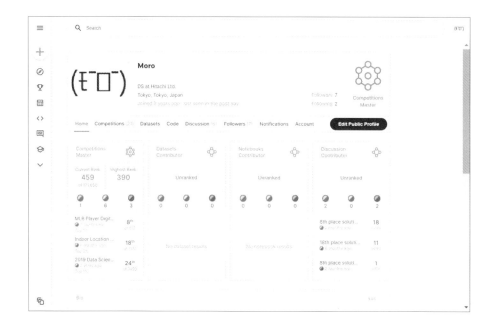

2.5 Kaggle の機能

Kaggle は分析プラットフォームとして、コンペのほかにいくつかの機能を提供しています。前節と同じく、Kaggle を利用したことがある人は本節を読み飛ばしてください。

図 2-5 は Home 画面です。左端にアイコンが並んでおり、左上の「3 本線のアイコン」をクリックすると、メニュー名が表示されます。

図 2-5 Home 画面でのメニュー表示

メニューには「Competitions」「Datasets」「Code」「Discussions」「Courses」があり、クリックするとそれぞれの機能の画面が表示されます。なお、コンペでは「Competitions」をメインに利用しますが、「Code」「Discussions」の 2 つもよく利用します。

以下、各機能を簡単に説明します。

2.5.1 Competitions（コンペティション）

　コンペの一覧が表示される画面です。開催中のコンペに加え、過去のコンペも掲載されています。一覧からコンペを選択すると、コンペごとの専用ページに行けます。

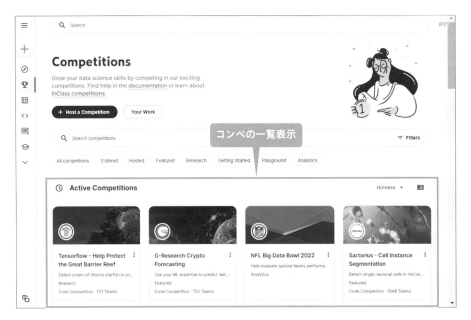

図 2-6　Competitions 画面（コンペ一覧）

コンペの専用ページは**図 2-7** のような構成になっています。この画面は練習用のコンペである「Titanic - Machine Learning form Disaster」（通称 Titanic コンペ）の例です。

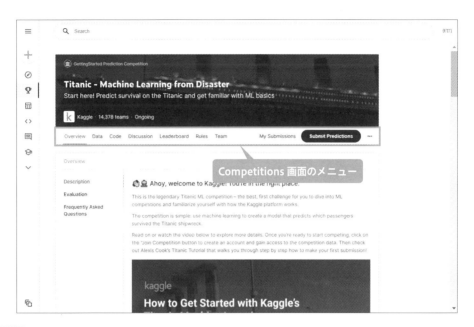

図 2-7　Competitions 画面（コンペごとの画面）

この画面がコンペ参加時のメイン画面です。この画面には「Overview」「Data」「Code」「Discussion」「Leaderboard」「Rules」「Team」「My Submissions」「Submit Predictions」というタブがあります。それぞれの説明は**表 2-3** のとおりです。情報が多くてはじめは慣れないかもしれませんが、何度も利用していくと慣れますので、臆せずどんどんクリックしてください。

表 2-3　各コンペサイトの機能一覧

機能	概要
Overview	コンペの概要、評価指標、スケジュール、賞などの説明をしているページ
Data	本コンペで利用できるデータの概要を説明している。このページからデータをダウンロードできる
Code	コンペ参加者が作成・公開しているコードの一覧を表示。クリックすることで、コードの中身を参照できる。また、左上に表示される「New Notebook」ボタンをクリックすると新規の Notebook（分析環境）が表示される
Discussion	コンペ参加者が書き込んだトピックの一覧を表示。参加者同士の意見交換や、主催者側への質問などはここを介して行われる トピックは各自が自由に立てることができ、トピック上での議論や意見交換も可能 Kaggle のルール上、コンペ開催中はコンペに関する参加者同士のプライベートな情報交換は禁止されている（チームメンバ内の情報交換は OK）。ただし、この Discussion を介したオープンな情報交換は認められている
Leaderboard	リアルタイムで更新される順位表。名前と Score、サブミット回数などを確認できる
Rules	コンペに関するルールを記載したページ。プライベートな情報交換の禁止といったルールや、チーム人数の上限、1 日のサブミット上限数、最終サブミットの選択数などが明記されている。コンペによってルールが設定されているので、コンペごとに確認する必要がある
Team	チームの管理ページで、ここから他メンバへのチーム招待依頼や、チーム招待の確認・承認を行う。また、ここで Leaderboard に表示する名前を変更できる
My Submissions	過去のサブミット履歴を確認する画面
Submit predictions	予測結果をサブミットするための画面

2.5.2 Datasets（データセット）

　データセットを登録して参加者間で共有する機能です。また、Kaggle 環境上の分析環境（Code）で外部データを使いたい場合には、この機能を使ってデータセットを登録します。

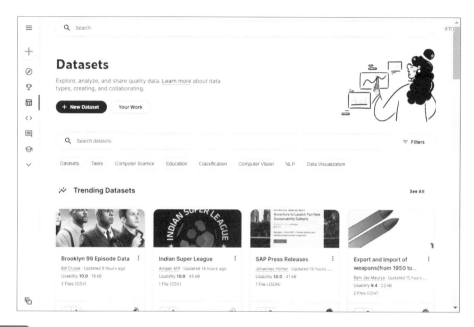

図 2-8　Datasets 画面

2.5.3 Code（コード）

　Kaggle では分析環境の提供もしており、参加者は Web ブラウザとインターネットに接続できる環境さえあれば、分析を開始できます。開発環境としては Python 環境と R 環境が準備されており、自由に選べます。また、時間制限があるものの GPU（Graphics Processing Unit）や TPU（Tensor Processing Unit）も無料で利用できます。

　この「Code」で構築できる分析環境は、Home 画面からだけでなく、コンペサイト内からも利用できます。機能は同一です。違いは、コンペサイト内の「Code」をクリックして環境構築した場合、コンペで利用するデータセットが分析環境にセットされた状態となります。データセットの準備作業が不要になるので、コンペサイトから分析環境を構築するのがお勧めです。

　なお、Code の環境構築手順については第 3 章の 3.4 節で説明します。

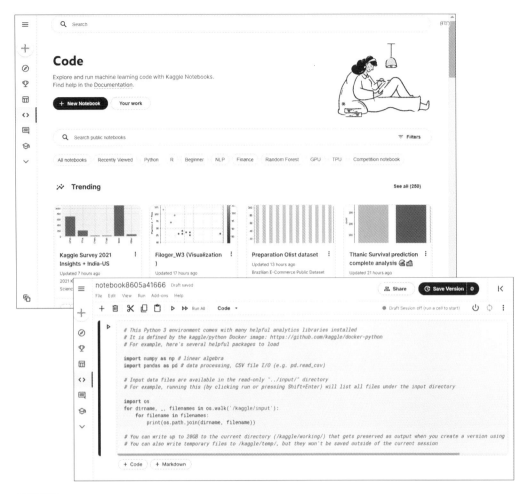

図 2-9　Code 画面と分析環境の例

● 2.5.4 Discussions（ディスカッション）

　参加者同士での意見交換や、主催者側への質問をするための画面です。トピックは自由に立てることができ、トピックごとにメッセージのやりとりができます。

　Home 画面の Discussion を選択した場合は、特定のコンペに限らない一般的なトピックが立てられています。この Discussion は各コンペサイトにも存在し、そちらは特定コンペのトピックに限定されています。

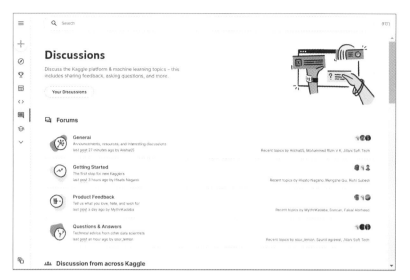

図 2-10　Discussions 画面

2.5.5 Courses（コース）

　Kaggle はコンペだけでなく、学習コンテンツも提供しています。本書では説明しませんが、有用な学習コンテンツがありますので、興味があれば利用してみてください。

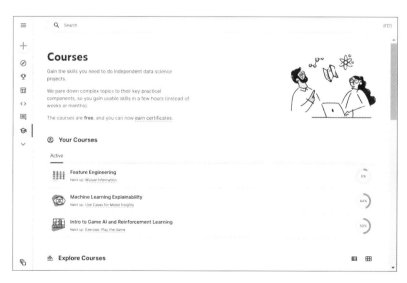

図 2-11　Courses 画面

Column

コラム②：コンペにハマったのは何故か？

　私がはじめに手を出したコンペサイトは SIGNATE で、約 3 年間は SIGNATE しかやっていませんでした。当時の SIGNATE にはメダルや称号がなく、総合ランキングしかありませんでした。しかも、いつしか総合ランキングすらなくなり、コンペごとの順位表のみとなりました（ちなみに数年前に SIGNATE にもメダルと称号が追加され、総合ランキングも復活しています）。

　でも、当時の私には SIGNATE のコンペはものすごく楽しく、ハマっていました。称号やメダルは私にとってあまり重要ではなかったのでしょう。

　改めてその理由を考えてみると、「がんばった結果がすぐにフィードバックされるから」ではないかと思います。つまり、リアルタイムで反映・更新されるリーダーボードの存在です。

　このフィードバックの仕組みは、普段の仕事にもあります。例えば、新規の案件がとれたり、成果が認められて昇給したりといったことです。しかし、行動からフィードバックが得られるまでには長い期間を要します。場合によっては数カ月や 1 年かかることもあります。

　それに比べコンペでは、予測値を提出すれば即座にスコアと順位が分かります。スコアが上がれば単純に嬉しいですし、スコアが上がらない場合も、改善策や代案を考えるきっかけになります。「フィードバックの即時性」によって一喜一憂をたくさん経験できること、それが「楽しい」につながっているのではないかと思います。

　仮に、リーダーボードを削除し、コンペが終わるまでの 3 カ月間、スコアも順位も全く分からず、最後の順位表での 1 発勝負だったら、Kaggle の参加者は激減するのではないでしょうか。この仕組みを考えた人は天才だなと思います。

第 3 章

Kaggle を学習ツールに

Kaggle を用いた学習のプロセス

　本章では、筆者が実践している、Kaggle を用いた学習方法を説明します。学習プロセスは **図 3-1** および **表 3-1** のとおりです。

　これらのプロセスの中でポイントとなるのは「1. 学習目的の設定」と「5. 技術の調査」です。コンペに参加すると、審査結果の順位やメダル獲得ばかりが気になってしまいます。メダル獲得だけ目的にしてしまうと、メダルが取れなかったときに「コンペに 3 カ月も取り組んだけど、結局時間の無駄だった」となります。そうならないように、「メダルは取れなかったけど、このコンペを通じて○○のスキルが得られたのでよかった」となるようにした方がよいのです。そのためにも、最初に目的を設定し、コンペへの取り組みをきっかけにして最新動向や技術の調査を行うことを心掛けるべきです。やっている間は、是非そういう気持ちで臨んでください。

　ただ、学習は継続が大事です。モチベーションの維持のために、メダル獲得を目標の 1 つに据えるのは有効な方法です。継続は力なりです。

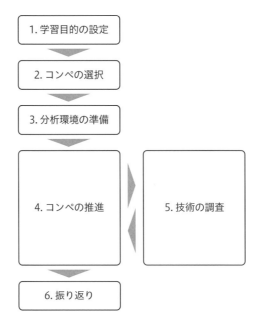

図 3-1　学習プロセスのフロー図（4 と 5 は並列・行き来あり）

表 3-1 Kaggle を用いた学習プロセス

#	学習プロセス	作業項目
1	学習目的の設定	学習の目的を設定する
2	コンペの選択	開催中のコンペから、学習目的に合ったものを選択する
3	分析環境の準備	コンペで利用する分析環境を用意する
4	コンペの推進	選択したコンペに取り組む
5	技術の調査	コンペに関連する最新技術やその動向を調査する。情報源としては、書籍・Web・論文などがある
6	振り返り	コンペ終了後に自身のソリューションを資料にまとめる。機会があれば発表する。また、他の参加者のソリューションを見て理解する

第3章

　以降では、各プロセスの内容と進め方を説明していきます。また、「4. コンペの推進」については、第4章から第6章でも詳しく述べます。

3.2 学習目的の設定

本書における学習の目的は、実務で使えるスキルを学ぶことです。方向性は大きく 2 つに分けることができます。

(a) 新しいスキルを習得したい

(b) 自身の持つスキルをさらに磨きたい

全くの初心者であれば、何を行うにしても (a) になります。少し経験がある人なら、(a) か (b) かを選択できます。

例えば、小売店舗の商品販売予測を業務として行っている人が、時系列の予測モデルを実務で手掛けているとします。この場合、「さらなるスキルアップのために時系列予測系のコンペを選ぶ」というケースが考えられます。一方、実務だけでは似たようなタスクしか経験できないので、自身の分析スキルの幅を広げるために、いままでやったことのないタスクをコンペから選択するケースもあるでしょう。

この 2 つには良し悪しはないので、本人の状況や好みで決めて構いません。迷ったら (a) を選んでみてください。私の体験では、新分野の方が気付きが多く、コンペが終わったあとに得られるものが多いと感じています。

Kaggle は単純に参加するだけでも楽しいのですが、せっかく時間を費やすのですから、終わったときに何かが得られたと実感したいものです。そのためには、上述したように、まずは何を学びたいのかを先に決めることをお勧めします。

3.3 コンペの選択

3.3.1 コンペの種類

Kaggle が実施しているコンペには、大まかに分けると以下のようなものがあります。参加するコンペは、前節で設定した学習目的に応じて選択してください。

- テーブルデータを扱うコンペ
- 画像を扱うコンペ（画像分類、物体検出、セマンティックセグメンテーション）
- 自然言語を扱うコンペ
- 強化学習のコンペ

例えば、テーブルデータを扱うコンペにも色々あります。金融系やマーケティング系など様々な分野のコンペがありますし、数値の予測やラベル付けするようなものもあります。

これらを整理すると、「金融」「マーケティング」「製造業」「電力」などの業種と、「数値予測」「カテゴリ分類」といった問題タイプでタグ付けできます。後者をもう少し詳しく説明すると**表 3-2** のようになります。また、過去に開催されたコンペをこれらの軸でタグ付けすると**表 3-3** のようになります。

表 3-2 機械学習における問題タイプ

問題タイプ	説明
数値予測	● 連続値を予測する問題 ● 機械学習の専門用語では「回帰」と呼ばれる
カテゴリ分類	● ラベルで分類する問題 （例えば「犬」「猫」、「不正あり」「不正なし」） ● 機械学習の専門用語では「分類」と呼ばれる ● また、ラベルが 2 種類数の場合を「2 値分類」、3 種類以上の場合を「多値分類」と呼ぶ

表3-3 過去コンペのタグ付け（新しい順にソート、2018 年以降から一部ピックアップ）

業種	問題タイプ	コンペ名	概要
スポーツ	数値予測（回帰）	MLB Player Digital Engagement Forecasting	MLB（メジャーリーグベースボール）の選手情報や試合結果などから、MLB 選手のデジタルエンゲージメントを日次で予測するコンペ
金融	数値予測（回帰）	Optiver Realized Volatility Prediction	過去の取引履歴を用いて、様々な株式の短期的なボラティリティ（価格変動の度合い）を予測するコンペ
その他	数値予測（回帰）	Google Smartphone Decimeter Challenge	GPS 情報とスマートフォンのセンサデータから、屋外におけるスマートフォンの位置を推定するコンペ
その他	数値予測（回帰）	Indoor Location & Navigation	WiFi アクセスポイントのデータやスマートフォンのセンサデータから、室内のスマートフォンの位置を推定するコンペ
マーケティング	数値予測（回帰）	M5 Forecasting - Accuracy	ウォルマート 10 店舗における 3049 種類の商品の販売個数を予測するコンペ
マーケティング	数値予測（回帰）	M5 Forecasting - Uncertainty	ウォルマート 10 店舗における 3049 種類の商品の販売個数の分布（中央値と信頼区間）を予測するコンペ
教育	カテゴリ分類（多値分類）	2019 Data Science Bowl	子供向けゲームアプリで、過去の行動履歴をもとに問題への正答結果（4 段階のラベル）を予測するコンペ
電力	数値予測（回帰）	ASHRAE - Great Energy Predictor III	過去の電力使用量と天候データから、建物の電力使用量を予測するコンペ
スポーツ	数値予測（回帰）	NFL Big Data Bowl	NFL（アメリカンフットボールのプロリーグ）において、ランプレイで獲得したヤード数を予測するコンペ
マーケティング	カテゴリ分類（2 値分類）	IEEE-CIS Fraud Detection	購買データから不正取引を検知するコンペ
電力	カテゴリ分類（2 値分類）	VSB Power Line Fault Detection	電力線から取得した信号データから、電力線の部分放電を検知するコンペ
マーケティング	数値予測（回帰）	Elo Merchant Category Recommendation	顧客の購買データから、顧客のロイヤリティスコアを予測するコンペ
その他	カテゴリ分類（多値分類）	PLAsTiCC Astronomical Classification	LSST という望遠鏡で得られるデータから、天体を 15 個のクラスに分類するコンペ
マーケティング	数値予測（回帰）	Google Analytics Customer Revenue Prediction	Google Merchandise Store の顧客データセットを利用して、顧客あたりの収益を予測するコンペ

業種	問題タイプ	コンペ名	概要
金融	カテゴリ分類（2値分類）	Home Credit Default Risk	過去の申し込み履歴やクレジットカードの残高などのデータから、住宅ローンの返済能力（貸し倒れ有無）を予測するコンペ
その他	数値予測（回帰）	House Prices - Advanced Regression Techniques	住宅の様々な情報（79の説明変数）から、住宅の価格を予測するコンペ（練習問題）
その他	カテゴリ分類（2値分類）	Titanic - Machine Learning from Disaster	乗客データ（名前、年齢、性別、客室クラスなど）から、タイタニック号の乗客の生存有無を予測するコンペ（練習問題）

第3章

　また、「学習目的」に加えてコンペ選択の判断に重要なのは「難易度」です。あまりにも難易度が高いと、すぐに行き詰まり、嫌になって辞めてしまう可能性が高くなります。それを回避するためにも、最初は簡単そうなものから取り組んでみることをお勧めします。難易度の判断は難しいですが、簡単そうなものを選ぶ基準には以下があります。

- テーブルの個数が少ないもの（できれば1テーブル）
- データ量が少ないもの（ギガバイトを超えない）
- 参加人数が多いコンペ

　難しいコンペには参加者が少ない傾向があるので、特に3点目の参加人数は難易度判定に非常に有効です。

3.3.2 コンペの選択方法

　Kaggle の画面上でのコンペの参加は簡単です。まず、Home 画面で左側のメニューの「Competitions」を選択すると、「Activate Competitions」のところに現在開催中のコンペ一覧が表示されます（**図 3-2**）。参加したいコンペを選択するとコンペ専用画面に遷移しますので、この画面で「Join Competition」をクリックします（**図 3-3**）。ルール確認のダイアログ画面が表示されるので、ルールへのリンクをクリックして読んでください（**図 3-4**）。問題ないことを確認し、先ほどのダイアログ画面で「I Understand and Accept」をクリックするとコンペに参加できます。

図 3-2　Competitions 画面のコンペ一覧表示

図 3-3　コンペ専用画面で「Join Competition」を選択

図 3-4　コンペのルールを読んで参加決定

3.4　分析環境の準備

　参加するコンペを決めたら、分析をするための環境を準備します。いくつか候補があります
が、著者は以下の 3 つを利用しています。それぞれ**表 3-4** のようなメリットとデメリットが
あります。

- 自身の PC 上に分析環境を構築（デスクトップ PC、ノート PC）
- Google Colab の利用（Google の提供する分析環境）
- Kaggle の Notebook 利用（Kaggle の用意している分析環境）

表 3-4　分析環境のメリットとデメリット

分析環境	メリット	デメリット
ローカル PC 上に環境構築	・ スペックを自分で選べる ・ ランニングコストは無料（電気代除く）	・ 初期投資が必要 ・ Python などのインストールや設定などの環境構築が必要
Google Colab	・ 無料 ・ GPU/TPU も無償で利用可 ・ 有償版の Google Colab Pro/Pro+ を使えばスペックを上げることが可能 ・ 環境構築が簡単	・ 無償版ではバックグラウンド実行できない ・ 有償版にすることでスペックを上げられるが、CPU やメモリのスペックを自由に変更できるわけではない
Kaggle の Notebook	・ 無料 ・ 環境構築が簡単 ・ GPU ／ TPU も利用可	・ スペックの選択はできない ・ GPU ／ TPU は時間制限あり（1週間ごとにリセット）

　初級者には「Kaggle の Notebook 利用」がお勧めです。これは Kaggle が提供している分析
環境であり、インターネットに接続されていれば無料で利用できます。GPU も、時間制限は
あるものの無料で利用できます。分析自体がはじめての人や、IT にあまり詳しくない人の場合、
分析環境を構築・用意するだけで躓いてしまうことがあります。せっかくの意欲が萎えてしまっ
てはもったいないので、まずは Kaggle の Notebook を利用し、ある程度慣れてきたら他の選
択肢も試すくらいでよいでしょう。

3.4.1 Kaggle の Notebook 利用手順

　コンペ専用ページの Code タブを選択して、右端にある「New Notebook」ボタンを押します（**図 3-5**）。それだけで画面が切り替わり、分析環境の構築が完了します（**図 3-6**）。また、コンペで利用するデータセットは環境上に自動的にセットされているため、データのダウンロードや設置といった作業も不要です。

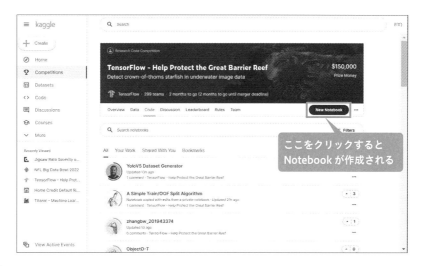

図 3-5　Notebook の作成方法

図 3-6　作成された Notebook

3.5　コンペの推進と技術調査

　分析環境の準備ができたら、いよいよコンペに取り組んでいきます。ここが分析のメインパートになります。具体的な進め方については、第 4 章から第 6 章で詳しく説明します。

　コンペを進める過程では、しばしば技術調査の必要に迫られます。すでに持っている知識や技術だけでコンペに取り組めるのであれば不要ですが、足りないと感じたときは以下のような情報源を当たってみます。

- 関連書籍
- Web サイト（Qiita 記事や個人記事など）
- Kaggle の Discussion / Code（特に過去の類似コンペ）
- arXiv（査読なしの論文であるため信頼性が若干低いが、情報としては新しい）

　「コンペの推進」と「技術の調査」は前掲の**図 3-1** にも示したように、お互いに行き来しながら進めていくことが大事です。仮に、コンペを進める上では不要だと思う調査も、最新動向や技術を知るチャンスになるので、調べるクセを付けてください。この分野は技術進歩が早いので、知らない技術が界隈で流行っていることもあります。それをキャッチアップするためにも、コンペに取り組む際の技術調査は欠かせません。

3.6 振り返り

　コンペの期間が終了すると、参加者のスコアと順位が確定します。この瞬間が一番ドキドキするし、楽しい瞬間でもあります。ここで大事なのは、良い結果であっても悪い結果であっても「振り返り」を実施することです。学校のテストでも復習が大事なのと一緒です。できなかったことを知り、それらを1つずつ補っていく努力が成長へとつながります。

　実施すべき内容は2つあります。

　1つは自身の取り組みを振り返り、ソリューション（解法）をまとめることです。取り組んだ内容を一度思い返してアウトプットすることは非常に大事で、これをやると考えが整理されて、スキルが定着しやすくなります。Kaggle に参加している人が周りにいれば、報告会や勉強会を開いてお互いに情報交換したり、自身の考えやアプローチに対して意見をもらえたりするとさらによいでしょう。まとめ方はスライドにしてもよいですし、Kaggle の Discussion 投稿や、Qiita に記事投稿するのもよいと思います。

　もう1つは、他の参加者から学ぶことです。上位陣の多くが終了後に Discussion にソリューションを公開するので、それを読んで上位陣の解法を理解しましょう。これをできるのが Kaggle の良いところです。終了後にお互いの解法が続々と公開・共有されるため、それを読むだけでも多くの学びが得られます。

　さらに、自身でその解法を実装して、モデルの精度が上がることを確認してみてください。実際にやってみると、書いてある内容だけではうまくいかないこともあります。手を動かして実践できて、はじめて次回に活かせるので、可能な限り手を動かして確認してください。分からないことがあれば Discussion 上で質問もできますので、Discussion が活発なうちに実践してみましょう。

　ここまでが、**図 3-1** および**表 3-1** に掲げた一連の学習プロセスです。このプロセスを何度も繰り返してみてください。繰り返しやっていくことで、驚くほど実力が上がるはずです。

Column

コラム③：チーム参加の面白さ

　筆者はコンペにずっと 1 人で参加していました。順位やメダルにはこだわっていなかったですし、そもそも順位も平凡だったので、参加していること自体あまり公言していませんでした。また、最初のころは、知人の中にコンペの参加者はいませんでした。

　そんな中、仕事つながりで知り合った他社の方が、自分と同じコンペに参加していることを知りました。それがきっかけで、「次のコンペではチームを組んでみよう」という話になり、はじめてチームで参加することになりました。

　これがまた楽しかったのです。コンペにおいて、新しい扉が開いた感じでした。

　その楽しさの源泉は、「新しい発見がある」ことだと思っています。それまでは「これが常套手段だ」と思い込んでいたことが実はそうではなかったり、知らなかった手法を知れたり、2 人の議論の中から課題を突破する方法が見つかったりと、メリットばかりでした。

　デメリットとしては、分析環境やコードの書き方の違いから、コードの管理や共有が難しかったり、分析の進め方で意見が衝突したりといったことなども一応ありますが、そうした経験もまた仕事に活かせるのでメリットとも言えます。

　仕事をしていると「他社の人と協力して分析する」なんて経験はできないので、今後も積極的に「コンペでチームを組みたいな」と思っています。仕事でも会社横断の分析プロジェクトがあったら「きっと新鮮で楽しいだろうな」と思います。

第 **II** 部
機械学習の進め方

第**4**章

ベースライン作成

ベースラインと試行錯誤

　本章から、Python スクリプトを交えながら、分析プロセスの詳細を説明します。

　分析プロセスの構成は、**表 4-1** のとおりです。

　分析のプロセスやアプローチは、大まかには同じでも、人によって細かく異なります。ここで説明するアプローチは、実務やコンペでの経験から構築した筆者のやり方を整理したものです。もし、まだ自分の方法を確立していない場合は、まずはこれを参考にしてください。人によって向き不向きもありますので、何度も繰り返すうちに徐々に自分に合ったアプローチを見つけて、カスタマイズしていくのがお勧めです。

　分析でやるべきことはたくさんありますが、頭からきっちりやっていくのではなく、まずはベースラインを作成し、そのあとで特徴量の作成やモデルのチューニングを行っていく方法を推奨します。この進め方のポイントは次の 2 点です。

- 「ベースライン」と呼ばれる骨格を最初に作成する
- トライ＆エラーを繰り返すことを前提とする

　この 2 つについて、以下に詳しく説明します。

表 4-1　分析プロセスの構成

#	分析プロセス	タスク	①ベースライン作成	②特徴量エンジニアリング	③モデルチューニング
1-1	分析設計	問題の理解	○		
1-2		分析の設計	○		
2-1	データ前処理	ファイル読み込み	○		
2-2		データの確認（簡易）	○		
2-3		データの確認（詳細）		○	
2-4		欠損値の対応		○	
2-5		外れ値の対応		○	
3-1	特徴量生成	単変数：数値		○	
3-2		単変数：カテゴリ変数		○	
3-3		2 変数組合せ		○	
3-4		テキストデータ		○	
4-1	データセット作成	特徴量選択		○	
4-2		データセット作成	○		
5-1	バリデーション設計	バリデーション方法	○		
5-2		評価指標	○		
6-1	モデル学習	勾配ブースティング	○		
6-2		ハイパーパラメータチューニング			○
6-3		scikit-learn のモデル			○
6-4		ニューラルネットワーク			○
6-5		アンサンブル			○
7-1	モデル推論	推論用データセット作成	○		
7-2		学習済モデルを用いた推論	○		

第4章

4.1.1 「ベースライン」と呼ばれる骨格を最初に作成する

　分析や機械学習のプロセスを記載すると、多くがウォーターフォール型のような形になっています。しかし実際には、綺麗に順番どおり進んで後戻りしないということはほぼありません。開発用語で言うと、むしろアジャイル型で進めていくのが一般的です。とはいえ、やるべきことや考えるべきことがたくさんありすぎて、どう進めたらよいのか迷うでしょう。

・1ステップずつしっかり進めていく
・手戻りはしないことを心掛ける

図 4-1 ウォーターフォール型の分析アプローチ

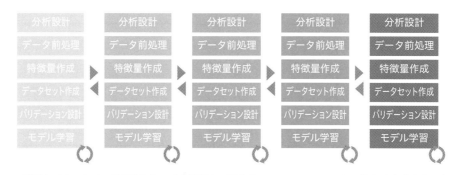

・粗削りでよいので、はじめからモデル学習まで進める　　※色の濃さは完成度を示す
・手戻りが前提、小さなトライ&エラーを繰り返す

図 4-2 アジャイル型の分析アプローチ

　そのため、はじめは思い切って細かい枝葉は無視して、ずっと変わらない太い幹(骨格)だけを作成します。この骨格のことを「ベースライン」と呼びます。
　ベースラインの作成で大切なのは、次の3点です。

- 目的変数の設定（何を予測するか？）
- バリデーション（モデルをどうやって評価するか？）
- 評価指標（モデルを何で評価するか？）

「ベースライン」という言葉は色々な意味で使われますが、ここでは「これら3つを明確にし、データの読み込みからモデル評価までの一通りのコードを記述すること」と定義します。

なぜ、ベースラインを最初に作成するのかというと、そうした骨格を確定させた上でないと、いくらモデルを作って評価しても、何が良いか判断できないからです。

最初からいきなりデータの前処理や可視化に時間をかける人をたまに見かけますが、それは良くありません。例えば、データの分布を確認したら外れ値らしきものがあったので、そのレコードを削除したくなると思いますが、もしかするとその外れ値が精度を上げるために必要なデータかもしれません。あるいは、そこを補正することで精度が上がるかもしれません。ベースラインを作成していれば、モデルの精度が上がったか下がったかで良し悪しを判断できます。

万能ではないかもしれませんが、このような判断基準を用意することは、分析を進める上で大切です。

4.1.2 トライ＆エラーを繰り返すことを前提とする

機械学習モデルの構築では、実験や仮説検証を繰り返すこと、即ち「トライ＆エラー」が重要です。

データを相手にしているので、「一般的にはこうだけど」という常識や仮説が通用しないことは多々あります。目の前のデータで試してみて、一般的な傾向が成り立つのか、仮説が正しいのかどうかを検証する必要があります。そうすることで、いま取り組んでいる課題やデータに適した方法を見つけていきます。

作業としては、ベースラインのコードに肉付けをしていき、「試してうまくいったものを残し、そうでないものは消す」を繰り返していきます。うまくいかなかったという事実も大切な情報なので、そのときの実験コードや得られた知見は必ず記録しておきます。また、試行錯誤の結果、ベースライン自体の間違いに気付くこともあります。大きなタイムロスにはなりますが、これもよくあることなので、潔くベースラインを作り直してください。

このような試行錯誤（トライ＆エラー）をどのくらいやるかが重要です。「Kaggleで上位に入っている人は、無駄なくスマートに解いている」と思うかもしれませんが、ビックリするほ

どの実験を繰り返しています。<u>手を動かして試行してはじめて分かる</u>ことが、データ分析の世界では多いのです。解法に王道があるなら、Kaggle のような競技コンペは存在していないはずです。問題によって解き方が違うから難しく、そして楽しいのです。

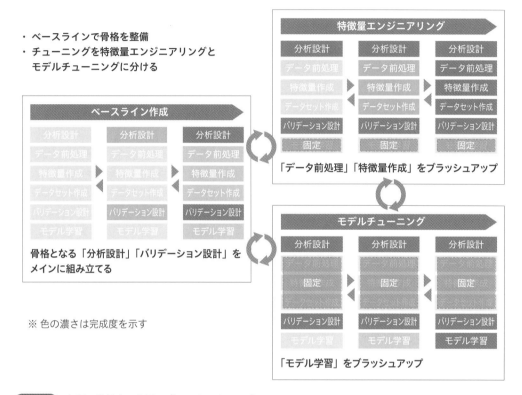

図 4-3　本書の推奨する分析アプローチのイメージ

　本章では「ベースラインの作成」について詳しく説明し、第 5 章と第 6 章ではトライ＆エラーで主に行う内容を説明していきます。

- **ベースライン作成**：第 4 章
- **特徴量エンジニアリング**：第 5 章
- **モデルチューニング**：第 6 章

　これらの説明では、イメージを掴みやすくするために、Kaggle の練習問題である Titanic コンペを利用します。また、実務を踏まえたときの注意事項なども併せて記載します。

● 4 ～ 6 章で用いるサンプルデータの紹介

次節に入る前に、Titanic コンペで用いるデータセットについて説明します。このコンペでは、タイタニック号の乗客が沈没事故で生き残れるか、亡くなってしまうかを予測します。データセットは 1 行が乗客 1 人を表し、1 行ごとに乗客の名前やチケットクラス・性別・年齢などが設定されています。

テーブルは**表 4-2** のとおり 3 種あります。「train.csv」を使ってモデルを学習させ、「test.csv」を使って予測を行います。そして、その予測結果を「gender_submission.csv」の形式に合わせることで、提出用ファイルを作成します。

表 4-2 Titanic コンペのテーブル一覧（レコード＝行、カラム＝列）

#	テーブル名	説明	レコード数	カラム数
1	train.csv	学習用データのテーブル。**表 4-3** のようなデータ項目を持つ	891	12
2	test.csv	推論用データのテーブル。**表 4-3** のうち目的変数である「Survived」を持たない。各レコードの「Survived」を予測する	418	11
3	gender_submission.csv	提出用ファイルのサンプルデータ。**表 4-3** のうち「PassengerId」「Survived」のみで構成されるテーブル（PassengerId は test.csv と同じ）。test.csv の各レコードに対して予測した「Survived」をこの形式に合わせて提出する	418	2

表 4-3 train.csv のデータ項目

#	データ項目	説明
1	PassengerId	乗客 ID
2	Survived	生死（0 ＝死亡、1 ＝生き残る）
3	Pclass	チケットクラス（1 ＝ 1 等客室、2 ＝ 2 等客室、3 ＝ 3 等客室）
4	Name	名前
5	Sex	性別
6	Age	年齢　※ 1 歳未満の場合は小数で表現
7	SibSp	同乗している兄弟または配偶者の人数（Sibling ＝兄弟、Spouse ＝配偶者）
8	Parch	同乗している親または子供の人数（Parent ＝親、Child ＝子供）
9	Ticket	チケット番号
10	Fare	旅客運賃
11	Cabin	キャビン番号
12	Embarked	乗船港（C ＝シェルブール港、Q ＝クイーンズタウン港、S ＝サウサンプトン港）

4.2　分析設計

　はじめにやることは、コンペの内容の理解です。「何をしたいコンペなのか」を理解できていないと、データを見たあとに、すぐ行き詰まってしまいます。

　Titanic コンペであれば、「生き残る人を当てるモデル」を作成することが目的です。生き残る人を「1」、生き残れない人を「0」として予測するモデルを作成し、より高い正解率となるようにモデルの学習を進めていきます。

　ここでは次のポイントを理解してください。

- 目的変数は何か
- 目的変数は数値なのか、カテゴリなのか。カテゴリなら 2 値か多値か
- 評価指標（モデルの良し悪しを評価する指標）は何か

　これらが分かれば、大まかな分析設計ができます。分析設計ではこれら以外にも気を付けるべき点がありますが、最初はこのくらい把握できていれば十分です。

　評価指標にも色々ありますが、まずは代表的なものを理解しておけばよいでしょう。コンペによっては特殊な評価指標が採用されることもありますが、都度理解して知識を増やしていけば大丈夫です。また、コンペに取り組む上ではあまり関係ないのですが、なぜその評価指標が採用されたのかは是非考えてください。実務の場合、評価指標はビジネス的な観点を踏まえて自身で決めなければならないケースもありますから、このような考える訓練をしておくことは非常に役に立ちます。

表 4-4　代表的な評価指標の例

タイプ	評価指標	説明
回帰	RMSE（Root Mean Squared Error）	平均二乗誤差の平方根
	MAE（Mean Absolute Error）	平均絶対誤差
分類	Precision	適合率。正例と判断した中で、正しかった割合
	Recall	再現率。正例のうち、正例と判断できた割合
	Accuracy	正解率。判定が正しい割合
	AUC（Area Under the Curve）	2 値分類モデルの予測値の順序性の評価

● Titanic の例

　目的変数は「Survived」で、「0 ＝死亡」と「1 ＝生き残る」の 2 値です。そして、評価指標については、「Overview」タブの「Evaluation」を見ると分かりますが、「Accuracy」です。

　データは「train.csv」と「test.csv」に分かれています。train.csv には目的変数が付与されており、test.csv には付与されていません。この test.csv に対し、目的変数である Survived を予測して付与することがタスクとなります。

　まとめると以下のとおりです。

- **目的変数：**Survived（「0 ＝死亡」と「1 ＝生き残る」の 2 値)
- **評価指標：**Accuracy

ファイルの読み込み

　ファイルを読み込む前に、まずは必要なライブラリ一式をインポートします。今回利用する
ものを一通りインポートしましょう。

スクリプト 4-1　ライブラリの読み込み

```
import numpy as np
import pandas as pd
import os
import pickle
import gc
# 分布確認
import pandas_profiling as pdp
# 可視化
import matplotlib.pyplot as plt
# 前処理
from sklearn.preprocessing import StandardScaler, MinMaxScaler, LabelEncoder, ⤸
OneHotEncoder
# モデリング
from sklearn.model_selection import train_test_split, KFold, StratifiedKFold
from sklearn.metrics import accuracy_score, roc_auc_score, confusion_matrix
import lightgbm as lgb

import warnings
warnings.filterwarnings("ignore")

# matplotilbで日本語表示したい場合はこれをinstallしてインポートする
!pip install japanize-matplotlib
import japanize_matplotlib
%matplotlib inline
```

　インポートが終わったら、ファイルの読み込みを行います。ファイル形式によって読み込み
方が異なります。Titanic では csv ファイルのため、pandas を利用して pd.read_csv() で読み
込んでいます。

　読み込み後は、データの先頭 5 行を画面に表示して目視で中身を確認します。

スクリプト 4-2　ファイルの読み込み

```
df_train = pd.read_csv("../input/titanic/train.csv")
df_train.head()
```

	PassengerId	Survived	Pclass	Name	Sex	Age	SibSp	Parch	Ticket	Fare	Cabin	Embarked
0	1	0	3	Braund, Mr. Owen Harris	male	22.0	1	0	A/5 21171	7.2500	NaN	S
1	2	1	1	Cumings, Mrs. John Bradley (Florence Briggs Th...	female	38.0	1	0	PC 17599	71.2833	C85	C
2	3	1	3	Heikkinen, Miss. Laina	female	26.0	0	0	STON/O2. 3101282	7.9250	NaN	S
3	4	1	1	Futrelle, Mrs. Jacques Heath (Lily May Peel)	female	35.0	1	0	113803	53.1000	C123	S
4	5	0	3	Allen, Mr. William Henry	male	35.0	0	0	373450	8.0500	NaN	S

　csv 以外の形式のファイルは、例えば下記のようにして読み込みます。

- **Excel ファイル：**　　　　　df = pd.read_excel("sample.xlsx")
- **タブ区切りファイル：**　　　df = pd.read_csv("sample.tsv", sep="\t")
- **Shift JIS 形式の csv ファイル：**df = pd.read_csv("sample.csv", encoding="shift_jis")

4.4 データの確認（簡易）

次に、データの確認を行います。ここでは簡易的に以下の内容のみ確認します。

- レコード数とカラム数の確認
- カラムごとのデータの種類の確認
- 欠損値の確認

4.4.1 レコード数とカラム数の確認

データの大きさを把握するために、レコード数とカラム数を確認します。

● Titanic の例

　読み込んだデータフレームに「.shape」を付ければ、「（レコード数 , カラム数）」という出力を得ることができます。また、「len(df_train)」とすればレコード数を取得でき、「len(df_train.columns)」とすればカラム数を取得できます。なお、「レコード」とは行、「カラム」とは列のことを指します。つまり、train.csv は、行数が 891 で、列数が 12 のテーブルであることが分かります。

スクリプト 4-3　レコード数とカラム数の確認

```
print(df_train.shape)
print("レコード数:", len(df_train))
print("カラム数:", len(df_train.columns))
```

結果表示

```
(891, 12)
レコード数: 891
カラム数: 12
```

4.4.2 カラムごとのデータの種類の確認

　機械学習で扱うデータの種類は、大きく分けると「数値」「カテゴリ変数」「時間」「テキスト」の4種があります。

表4-5 データの種類

データの種類	説明	例	データ型
数値	数値の大きさに意味のある変数	身長、売上金額	int 型 float 型
カテゴリ変数	カテゴリを意味する変数	業種（小売業、金融業など） 性別（男性、女性、その他）	object 型
時間	日付や日時を表す変数	年月日、日時	datetime 型
テキスト	テキストデータ	アンケートの自由記述欄	object 型

　ここでの注意点は、以下の場合があることです。

- 「object 型（str 型）」でも「数値」として扱う
- 「int 型」「float 型」でも「カテゴリ変数」として扱う

　例えば、「10000 円」「80000 円」といった売上金額データがあったとします。「円」という単位が付いているので、データとしては「object 型」と判断されてしまいます。しかし、数値の大きさに意味のある変数なので、「円」を削除して「数値」として扱うべきです。

　一方、性別が「1」「2」「3」となっていたとします。このとき、「1」が「男性」、「2」が「女性」、「3」が「その他・回答なし」であったとすると、この数値はあくまで記号であり、数値の大きさに意味はないので、「カテゴリ変数」として扱うべきです。

　このように変数の意味を理解して、どのデータの種類かを正しく判断する必要があります。

● Titanic の例

　Titanic のデータセットの場合、下記のスクリプトによって「レコード数」「カラム数」「データ型」を確認できます。

スクリプト 4-4　データの確認

```
df_train.info()
```

結果表示

```
<class 'pandas.core.frame.DataFrame'>
RangeIndex: 891 entries, 0 to 890
Data columns (total 12 columns):
 #   Column       Non-Null Count  Dtype
---  ------       --------------  -----
 0   PassengerId  891 non-null    int64
 1   Survived     891 non-null    int64
 2   Pclass       891 non-null    int64
 3   Name         891 non-null    object
 4   Sex          891 non-null    object
 5   Age          714 non-null    float64
 6   SibSp        891 non-null    int64
 7   Parch        891 non-null    int64
 8   Ticket       891 non-null    object
 9   Fare         891 non-null    float64
 10  Cabin        204 non-null    object
 11  Embarked     889 non-null    object
dtypes: float64(2), int64(5), object(5)
memory usage: 83.7+ KB
```

　なお、表示されているデータ型は、自動的に判別されたものです。先ほど説明したように、「データの種類」とは異なる場合があるので、「data」タブに記載されたデータの説明文をよく確認して、適宜修正する必要があります。**表 4-6** には、推定されたデータ型と、データ項目の意味から「データの種類」を判断した結果をまとめました。

表 4-6 データ項目の説明と推定されたデータ型

データ項目	説明	推定された データ型	データの種類
PassengerId	乗客 ID	int64	数値
Survived	生死（0 ＝死亡、1 ＝生き残る）	int64	数値
Pclass	チケットクラス （1 ＝ 1 等客室、2 ＝ 2 等客室、3 ＝ 3 等客室）	int64	数値
Name	名前	object	テキスト
Sex	性別	object	カテゴリ変数
Age	年齢　※ 1 歳未満の場合は小数で表現	float64	数値
SibSp	同乗している兄弟または配偶者の人数 （Sibling ＝兄弟、Spouse ＝配偶者）	int64	数値
Parch	同乗している親または子供の人数 （Parent ＝親、Child ＝子供）	int64	数値
Ticket	チケット番号	object	テキスト
Fare	旅客運賃	float64	数値
Cabin	キャビン番号	object	カテゴリ変数
Embarked	乗船港（C ＝シェルブール港、Q ＝クイーンズタウン港、 S ＝サウサンプトン港）	object	カテゴリ変数

　この例ではデータ型とデータの種類に矛盾はなく、おおよそ問題ありません。

　ただ、Pclass はチケットクラスを意味しており、「順序尺度」（数値の順序に意味がある）ではあるものの「間隔尺度」（間隔に意味がある）ではないので、「カテゴリ変数」と捉えることもできます。もしかすると「カテゴリ変数」に変更した方がモデルの精度が出るかもしれません。ベースライン作成時には「そういう見方もある」程度に考えればよく、ここであまり深堀する必要はありません。

　仮に Pclass のデータ型を変換したい場合は、以下のようにします。

スクリプト 4-5 データ型の変換

```
df_train["Pclass"] = df_train["Pclass"].astype(object)
df_train[["Pclass"]].info()
```

結果表示

```
<class 'pandas.core.frame.DataFrame'>
RangeIndex: 891 entries, 0 to 890
```

```
Data columns (total 1 columns):
 #   Column  Non-Null Count  Dtype
---  ------  --------------  -----
 0   Pclass  891 non-null    object
dtypes: object(1)
memory usage: 7.1+ KB
```

　なお、本章ではこのまま数値として扱うため、数値型に戻しておきます。

スクリプト 4-6　データ型を object 型から int 型に戻す

```
df_train["Pclass"] = df_train["Pclass"].astype(np.int64)
df_train[["Pclass"]].info()
```

結果表示

```
<class 'pandas.core.frame.DataFrame'>
RangeIndex: 891 entries, 0 to 890
Data columns (total 1 columns):
 #   Column  Non-Null Count  Dtype
---  ------  --------------  -----
 0   Pclass  891 non-null    int64
dtypes: int64(1)
memory usage: 7.1 KB
```

◗ 4.4.3　欠損値の確認

　個々のデータには必ずしもすべて値が入っているわけではなく、欠損している場合があります。例えば、データ項目はあるけどすべて欠損している場合もありますし、8 割が欠損している場合もありますし、欠損が全くない場合もあります。欠損の状況に応じて対応が異なるので、まずは現状把握のために欠損の有無と個数を確認します。

　ただし、いきなり欠損値の補間 [*1] をしないよう、くれぐれも注意してください。明確な理由があれば別ですが、理由もなしに補間することは「データの改変」に近い行為です。欠損に意味がある場合もあるので、まずはそのままにしてください。

[*1]　データが欠損している場合に、データの分布などをもとに欠損値を何らかの値で埋めること。

● Titanic の例

カラムごとの欠損数は、以下のコマンドで簡単に調べることができます。

スクリプト 4-7 欠損値の確認

```
df_train.isnull().sum()
```

結果表示

```
PassengerId     0
Survived        0
Pclass          0
Name            0
Sex             0
Age           177
SibSp           0
Parch           0
Ticket          0
Fare            0
Cabin         687
Embarked        2
dtype: int64
```

 データセットの作成

4.5　データセットの作成

　次に、目的変数と説明変数を作成します。

　目的変数については、分析設計のところで特定した「目的変数」を設定します。

　一方、説明変数については、さしあたり数個のデータ項目だけを利用します。いきなりすべてのデータ項目を入れたくなる気持ちは分かりますが、それは以降のフェーズでやることとし、ベースライン作成ではいくつかの項目に絞り込んでください。理由は、純粋なベースラインの評価をするためであり、他の問題となる要素がない方が、問題点の洗い出しが容易になるからです。例えば、前処理に何か特別なことをしていた場合、バリデーション設計が悪いのか、前処理が悪いのかの判別が難しくなります。そのような状況は可能な限り排除しておいた方がよいのです。また、気持ちの面でも、ベースラインの精度が低い方が伸びしろが大きく、後工程で達成感を得やすいというメリットもあります。

● Titanic の例

　目的変数には「Survived」をそのまま使います。説明変数には、「Pclass」と「Fare」の 2 つだけを使うことにします。

　この 2 つを使う理由は、「数値データであること」と「欠損がないこと」です。

　もう 1 つの理由は、チケットクラスや旅客運賃の高い人の方が、優先的に救助されて生き残りやすそうだからです。これはあくまで仮説であり、合っていても間違っていても構いません。仮にこれらの変数がモデルに寄与した場合に、納得感が出やすければそれでよいのです。もし、これらの変数の寄与が小さかったとしても、その場合は「チケットクラスや旅客運賃の高い人が特別優先されて救助されたわけではない」ということが検証できるので、価値があります。

スクリプト 4-8　データセットの作成

```
x_train, y_train, id_train = df_train[["Pclass", "Fare"]], \
                             df_train[["Survived"]], \
                             df_train[["PassengerId"]]
print(x_train.shape, y_train.shape, id_train.shape)
```

結果表示

```
(891, 3) (891, 1) (891, 1)
```

4.6　バリデーション設計

　バリデーション設計は、ベースライン作成において一番重要なプロセスです。

　バリデーションの目的は、作成するモデルの精度を手元のデータで判断することです。これは実務でも同じですが、作成したモデルをいきなり本番適用して、良し悪しを判断するなんて怖くてできません。そのため、手元にあるデータを用いて疑似的に検証データを作成し、未知のデータに適用したときの精度を確認するというプロセスが必要になるのです。

　ここを正しく設計できることが、モデルの良し悪しを決めると言っても過言ではありません。バリデーション設計に失敗すると、学習データにしか通用しないモデルになってしまうこともあります。いわゆる「過学習（オーバーフィッティング）」という状態です。モデル学習において、過学習を回避することは非常に重要です。

　バリデーション設計で課題となるのは、検証データを如何にして作成するかという点です。検証データは「実際の適用シーン（つまり未来）と同じ状況を仮想的に再現する」ことが理想です。再現度が高いほど、適用した場合の予測精度を事前に把握できますし、正しいチューニングができます。

　しかし、状況は刻々と変化していくものですし、未来がどうなるかなんて誰にも分かりません。このため、この検証データはあくまで「こうなるだろう」という仮説をもとに用意することになります。例えば、「これから先の 1 ヵ月間は直近 1 ヵ月間と似た傾向である」という仮説を立てたとしたら、データの中から直近 1 ヵ月分を切り出して検証データとする感じです。

　厳密性を求める人からすると曖昧すぎて不安になると思いますが、ある程度の割り切りが必要な領域です。実務では、勝手に判断せず、業務担当者や有識者と相談・合意のもとで慎重に決めるべきです。そうしないと、「この評価値っていったい何なのか、信頼していいのか」という疑念が生じてしまいます。

　以降では、バリデーションの方法を 2 つの切り口から説明します。1 つは学習データと検証データの分け方です。いくつか主流の方法があるので 4.6.1 項で説明します。もう 1 つは検証の信頼性を上げる方法です。これについては 4.6.2 項で説明します。

4.6.1 「学習データ」と「検証データ」の分割方法

　学習データと検証データを分けるときに重要なポイントは、推論時と同じケースを学習データから疑似的に生成することです。イメージとしては、train データを「学習データ」と「検証データ」に分割して、test データを「検証データ」で再現できれば成功です（**図4-4**）。なお、学習時に用いるデータを「train データ」、推論時に用いるデータを「test データ」と呼んでいます。

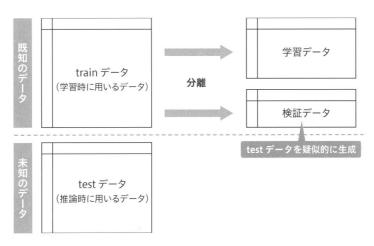

図4-4 バリデーションのイメージ

　このことを、いくつかの例を出して説明します。やり方はたくさんあり、課題やデータに応じて適切な方法を採用します。

● 例1：2値分類モデルで不均衡データの場合

　目的変数が「0」または「1」の2値で、10万件のうち 5,000 件だけが「1」だったとします。つまり「1」である割合がたったの5%という非常に偏ったデータです。

　この train データを学習データと検証データに分ける際に、次の2パターンにしたとします。

- **パターン1**：検証データのうち「1」の割合が15%
- **パターン2**：検証データのうち「1」の割合が5%

　test データにおける「1」の割合は本来分かりませんが、「train データは test データと同じ

傾向である」と予想されるため、train データと検証データでは「1」の割合を揃えた方が良い
はずです。仮にここを揃えないと、モデルが正しくチューニングされず、検証データでの評価
値と、test データで予想される評価値に乖離が出てしまいます。

　注意点としては、「train データと test データの傾向が同じである」という仮定は、必ず成立
するわけではないという点です。もしこれが変わることが予想されるのであれば、想定される
test データの傾向に合わせて調整してください。

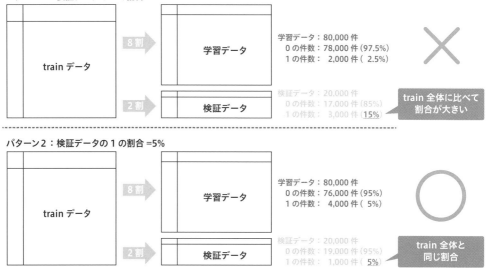

図 4-5　例 1 における train データの分割方法

● 例 2：train と test に同じ顧客がいない場合

　購買履歴データを使って、顧客の購買金額を予測するタスクを想定します。

　train データを学習データと検証データに分割する方法として、次の 2 つが考えられます。

- **パターン 1**：学習データと検証データで顧客を重複させる
- **パターン 2**：学習データと検証データで顧客を重複させない

　このときに、train データと test データで同じ顧客がいない場合は、学習データと検証デー

タでも同じ傾向となるように、「パターン2」にした方が良いです。逆に、trainデータとtestデータで同じ顧客がいる場合には「パターン1」にした方が良い場合もあります。この場合、顧客ごとの傾向の違いを学習することで、予測しやすくなります。

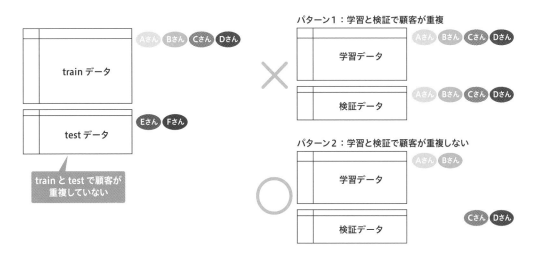

図4-6　例2におけるtrainデータの分割方法

● 例3：時系列の予測モデルの場合

　電力の需要量予測がタスクであるとします。時系列データで、trainデータのあとにtestデータがある場合を想定します。例えば、2021年1月から9月までがtrainデータで、2021年10月から12月がtestデータであるようなケースです。言い換えると、過去9カ月のデータを用いて、3カ月先の未来までを予測します。

　データの分割方法は2つ考えられます。

- **パターン1：** 時系列と関係なく分割する
- **パターン2：** 時系列を加味して分割する

　この例では、「需要量は8月と12月が特に多く、予測が難しい」とします。パターン1の方法で分割した場合、8月のデータも学習データと検証データに分かれてしまいます。その結果、8月の需要量が多いことも学習され、検証データにおいて8月の予測が当たりやすいモデルとなります。一見すると精度の高いモデルを作れたように見えますが、そうではありません。未来の予測がしたいのに、未来データを使って予測しているようなものです。このようなモデ

ルでは、test データに適用した場合に学習時よりも悪い評価結果となってしまいます。

　このようなことを回避するためには、パターン 2 の、時系列を加味して分割すべきです。イメージとしては、実際に利用するときの「train データ」と「test データ」の関係を再現するように、1 月から 6 月を学習データ、7 月から 9 月を検証データにします。こうすることで「学習時には良い結果だったのに実際には大きく外れてしまう」という事態を避けられます。

　時系列予測のタスクでは、分割方法は特に重要なので、注意して行ってください。

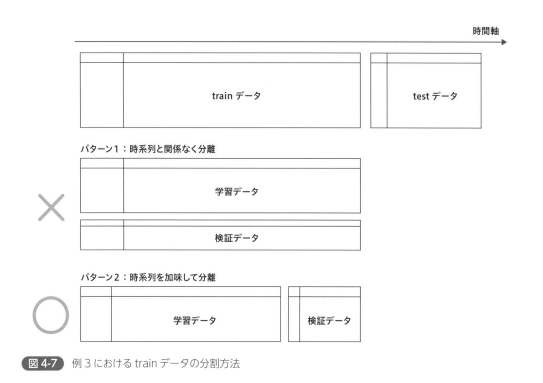

図 4-7　例 3 における train データの分割方法

4.6.2　ホールドアウト検証と交差検証

次に、検証の信頼性を上げる方法を説明します。方法としては「ホールドアウト検証」と「交差検証（クロスバリデーション）」があります。

ホールドアウト検証は、これまで説明したように「train データ」を 1 組の「学習データ」と「検証データ」に分割する方法です。この方法の長所は、学習が 1 回でよいことです。短所は、学習に使わないデータ（**図 4-8** の「検証データ」の部分）が生じてしまうことです。データの数が少ない場合はもったいないです。また、検証データの選び方にはランダム要素があるので、選び方によってモデル精度が変わることも短所です。

図 4-8　ホールドアウト検証

クロスバリデーションは、1 つの「train データ」から、複数の「学習データ」と「検証データ」の組を作成する方法です。

例えば、5 組のデータを作る場合は「5-fold クロスバリデーション」と呼びます。5-fold クロスバリデーションでは、train データを 5 個のブロックに分割し、1 ブロックを検証データにして、残りの 4 ブロックを学習データにします。検証データのブロックを他のブロックにスライドさせることで、5 組のデータセットを作成できます。

この方法の長所は、すべてのデータを学習に使えることです。また、複数の組を作成して評価することで、検証データの選び方によって生じていた偏りを抑制できます（完全な排除はできませんが）。短所は、複数のモデルを学習させるため時間がかかることです。

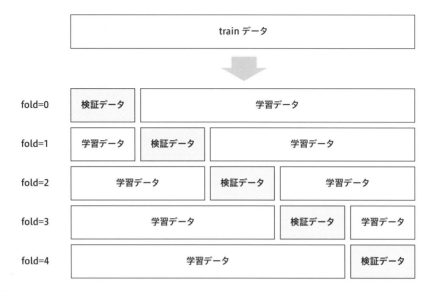

図 4-9　クロスバリデーション

表 4-7　ホールドアウト検証とクロスバリデーションの長所と短所

バリデーション手法	長所	短所
ホールドアウト検証	● モデル学習が 1 回のみ	● 学習に使わないデータが生じる ● 検証データの選び方によって評価値が偏る可能性がある
クロスバリデーション	● すべてのデータを学習に利用可能 ● 検証データの選び方による偏りを抑制できる	● モデル学習を複数回実施する必要がある

● Titanic の例

　ホールドアウト検証とクロスバリデーションの両方で、データの分割を行ってみます。

　まずはホールアウト検証を実行します。scikit-learn の train_test_split() を使って 8：2 の割合で分割します。例題（Titanic コンペ）では目的変数が「0」か「1」で、全体の中の「1」の割合は 38% です。このため、検証データの中の「1」の割合も 38%になるように調整します。この調整をするために、train_test_split のパラメータ stratify に y_train を設定します。これによって割合を揃えることができます。

スクリプト 4-9 ホールドアウト検証の実行

```python
x_tr, x_va, y_tr, y_va = train_test_split(x_train,
                                           y_train,
                                           test_size=0.2,
                                           shuffle=True,
                                           stratify=y_train,
                                           random_state=123)
print(x_tr.shape, y_tr.shape)
print(x_va.shape, y_va.shape)
print("y_train:{:.3f}, y_tr:{:.3f}, y_va:{:.3f}".format(
    y_train["Survived"].mean(),
    y_tr["Survived"].mean(),
    y_va["Survived"].mean(),
))
```

結果表示

```
(712, 2) (712, 1)
(179, 2) (179, 1)
y_train:0.384, y_tr:0.383, y_va:0.385
```

　次に「5-fold クロスバリデーション」を実行します。scikit-learn にはクロスバリデーションの関数がいくつか用意されており、目的変数の「0」と「1」の割合を揃えたいときは「StratifiedKFold」を使います。5-fold にするためには、n_splits に「5」を設定します。これによって train データが 5 分割されるため、学習データと検証データのデータセットが 5 組できます。

スクリプト 4-10 クロスバリデーションの実行

```python
n_splits = 5
cv = list(StratifiedKFold(n_splits=n_splits, shuffle=True, random_state=123).split(x_
train, y_train))

for nfold in np.arange(n_splits):
    print("-"*20, nfold, "-"*20)
    idx_tr, idx_va = cv[nfold][0], cv[nfold][1]
    x_tr, y_tr = x_train.loc[idx_tr, :], y_train.loc[idx_tr, :]
    x_va, y_va = x_train.loc[idx_va, :], y_train.loc[idx_va, :]
    print(x_tr.shape, y_tr.shape)
```

```
    print(x_va.shape, y_va.shape)
    print("y_train:{:.3f}, y_tr:{:.3f}, y_va:{:.3f}".format(
        y_train["Survived"].mean(),
        y_tr["Survived"].mean(),
        y_va["Survived"].mean(),
    ))
    # ここでモデル学習（ここは次節にて説明するため省略）
```

結果表示

```
------------------- 0 -------------------
(712, 2) (712, 1)
(179, 2) (179, 1)
y_train:0.384, y_tr:0.383, y_va:0.385
------------------- 1 -------------------
(713, 2) (713, 1)
(178, 2) (178, 1)
y_train:0.384, y_tr:0.384, y_va:0.382
------------------- 2 -------------------
(713, 2) (713, 1)
(178, 2) (178, 1)
y_train:0.384, y_tr:0.384, y_va:0.382
------------------- 3 -------------------
(713, 2) (713, 1)
(178, 2) (178, 1)
y_train:0.384, y_tr:0.384, y_va:0.382
------------------- 4 -------------------
(713, 2) (713, 1)
(178, 2) (178, 1)
y_train:0.384, y_tr:0.383, y_va:0.388
```

モデル学習（勾配ブースティング）

機械学習モデルにはいくつか選択肢があり、はじめはどのモデルを使うべきか悩むと思います。しかし、テーブルデータを用いた教師あり学習の場合は「LightGBM」[*2] を使っておけば基本的に問題ありません。特に、ベースライン作成時は LightGBM 一択で構いません。

また、機械学習では「scikit-learn」[*3] というライブラリが有名ですが、LightGBM のインタフェースも scikit-learn ベースのものが用意されているので、それで実装しておけば他モデルへの変更も比較的簡単です。本書ではこの scikit-learn ベースの方を使って説明します。

LightGBM が優れている点は、以下のようにたくさんあります。

- モデルの精度が高い
- 処理が高速
- カテゴリ変数を数値に変換しなくても処理できる
- 欠損値があっても処理できる
- 異常値の影響を受けにくい

LightGBM 以外のモデルでは基本的に、「カテゴリ変数を数値に変換する必要がある」、「欠損値は埋めなければならない」という条件があり、これらがないだけでもとても楽ができます。最終的にチューニングした結果、LightGBM よりも他のモデルの方が精度が出ることも当然あります。あらゆるデータやタスクで万能という訳ではないものの、「はじめに選択するモデルとして LightGBM を使わない理由はない」と言って良いと思います。

本節では、LightGBM を用いたモデルの学習と評価を通じて、前節で説明したホールドアウト検証とクロスバリデーションについて説明します。

[*2] LightGBM とは、Microsoft が開発したオープンソースの機械学習ライブラリです。アルゴリズムとしては、決定木を利用した勾配ブースティングが実装されており、複数の決定木を組み合わせることで、精度の高いモデルを作成できます。

[*3] Python のオープンソースの機械学習ライブラリ。前処理やデータ加工、モデル学習など機械学習で必要な機能を備えています。

4.7.1 ホールドアウト検証の場合

ホールドアウト検証を使った場合の、モデル学習の一連の処理を説明します。分かりやすいようにデータセット作成の部分を再掲します。

- データセットの作成
- モデル学習
- 精度の評価
- 説明変数の重要度算出

まずはデータセットを作成します。

スクリプト 4-11 データセットの作成（**スクリプト 4-9**：ホールドアウト検証の実行を再掲）

```
x_tr, x_va, y_tr, y_va = train_test_split(x_train,
                                           y_train,
                                           test_size=0.2,
                                           shuffle=True,
                                           stratify=y_train,
                                           random_state=123)
print(x_tr.shape, y_tr.shape)
print(x_va.shape, y_va.shape)
print("y_train:{:.3f}, y_tr:{:.3f}, y_va:{:.3f}".format(
    y_train["Survived"].mean(),
    y_tr["Survived"].mean(),
    y_va["Survived"].mean(),
))
```

次に、データセットを用いてモデルを学習します。ハイパーパラメータについては、ベースライン作成時にはとりあえずこのままで構いません。6章でチューニングの仕方を説明します。

スクリプト 4-12 モデル学習（ホールドアウト検証の場合）

```
# ハイパーパラメータ
params = {
    'boosting_type': 'gbdt',
    'objective': 'binary',
```

```
    'metric': 'auc',
    'learning_rate': 0.1,
    'num_leaves': 16,
    'n_estimators': 100000,
    "random_state": 123,
    "importance_type": "gain",
}

model = lgb.LGBMClassifier(**params)
model.fit(x_tr,
          y_tr,
          eval_set=[(x_tr,y_tr), (x_va,y_va)],
          early_stopping_rounds=100,
          verbose=10,
          )
```

結果表示

```
Training until validation scores don't improve for 100 rounds
[10]    training's auc: 0.792256        valid_1's auc: 0.744862
[20]    training's auc: 0.801914        valid_1's auc: 0.752372
[30]    training's auc: 0.808339        valid_1's auc: 0.759223
[40]    training's auc: 0.816595        valid_1's auc: 0.759223
[50]    training's auc: 0.820771        valid_1's auc: 0.755138
[60]    training's auc: 0.82582 valid_1's auc: 0.754809
[70]    training's auc: 0.82995 valid_1's auc: 0.753755
[80]    training's auc: 0.832645        valid_1's auc: 0.752767
[90]    training's auc: 0.834593        valid_1's auc: 0.750132
[100]   training's auc: 0.837247        valid_1's auc: 0.747892
[110]   training's auc: 0.839036        valid_1's auc: 0.746838
[120]   training's auc: 0.840764        valid_1's auc: 0.746311
[130]   training's auc: 0.842007        valid_1's auc: 0.746706
Early stopping, best iteration is:
[35]    training's auc: 0.81342 valid_1's auc: 0.761265
LGBMClassifier(importance_type='gain', metric='auc', n_estimators=100000,
               num_leaves=16, objective='binary', random_state=123)
```

　モデル学習が終わったら、そのモデルに検証データを入力して推論を実行します。推論の結果が出力されたら、モデルの精度を評価します。Titanic コンペの場合、評価指標は Accuracy（正解率）なので、scikit-learn の「accuracy_score」を用いて評価値を算出します。

スクリプト 4-13　精度の評価

```
y_tr_pred = model.predict(x_tr)
y_va_pred = model.predict(x_va)
metric_tr = accuracy_score(y_tr, y_tr_pred)
metric_va = accuracy_score(y_va, y_va_pred)
print("[accuracy] tr: {:.2f}, va: {:.2f}".format(metric_tr, metric_va))
```

結果表示

```
[accuracy] tr: 0.75, va: 0.73
```

　最後に、説明変数の重要度を算出します。

　この数値を見ると、モデルへの寄与度が大きい説明変数を特定できます。今回のモデルだと、「Pclass」と「Fare」では「Fare」の方が重要度が大きいので、チケットクラスよりも旅客運賃の方が、生き残るかどうかに寄与することが分かりました。

　この値を参考にして、効いている説明変数と効かない変数を判別できます。

スクリプト 4-14　説明変数の重要度の算出

```
imp = pd.DataFrame({"col":x_train.columns, "imp":model.feature_importances_})
imp.sort_values("imp", ascending=False, ignore_index=True)
```

結果表示

	col	imp
0	Fare	903.440373
1	Pclass	229.457186

4.7.2 クロスバリデーションの場合

　次に、クロスバリデーションを使った場合の、一連の処理を説明します。ここでは5-fold のクロスバリデーションとします。

　流れはホールドアウト検証と同じですが、5-fold なので、「データセット作成」「モデル学習」「精度評価」「説明変数の重要度算出」の処理をループで 5 回繰り返します。

スクリプト 4-15 モデル学習の実行（クロスバリデーションの場合）

```python
params = {
    'boosting_type': 'gbdt',
    'objective': 'binary',
    'metric': 'auc',
    'learning_rate': 0.1,
    'num_leaves': 16,
    'n_estimators': 100000,
    "random_state": 123,
    "importance_type": "gain",
}

metrics = []
imp = pd.DataFrame()

n_splits = 5
cv = list(StratifiedKFold(n_splits=n_splits, shuffle=True, random_state=123).split(x_
train, y_train))

for nfold in np.arange(n_splits):
    print("-"*20, nfold, "-"*20)
    idx_tr, idx_va = cv[nfold][0], cv[nfold][1]
    x_tr, y_tr = x_train.loc[idx_tr, :], y_train.loc[idx_tr, :]
    x_va, y_va = x_train.loc[idx_va, :], y_train.loc[idx_va, :]
    print(x_tr.shape, y_tr.shape)
    print(x_va.shape, y_va.shape)
    print("y_train:{:.3f}, y_tr:{:.3f}, y_va:{:.3f}".format(
        y_train["Survived"].mean(),
        y_tr["Survived"].mean(),
        y_va["Survived"].mean(),
```

```
    ))

    model = lgb.LGBMClassifier(**params)
    model.fit(x_tr,
              y_tr,
              eval_set=[(x_tr,y_tr), (x_va,y_va)],
              early_stopping_rounds=100,
              verbose=100,
              )

    y_tr_pred = model.predict(x_tr)
    y_va_pred = model.predict(x_va)
    metric_tr = accuracy_score(y_tr, y_tr_pred)
    metric_va = accuracy_score(y_va, y_va_pred)
    print("[accuracy] tr: {:.2f}, va: {:.2f}".format(metric_tr, metric_va))
    metrics.append([nfold, metric_tr, metric_va])

    _imp = pd.DataFrame({"col":x_train.columns, "imp":model.feature_importances_, ⤵
"nfold":nfold})
    imp = pd.concat([imp, _imp], axis=0, ignore_index=True)

print("-"*20, "result", "-"*20)
metrics = np.array(metrics)
print(metrics)

print("[cv ] tr: {:.2f}+-{:.2f}, va: {:.2f}+-{:.2f}".format(
    metrics[:,1].mean(), metrics[:,1].std(),
    metrics[:,2].mean(), metrics[:,2].std(),
))

imp = imp.groupby("col")["imp"].agg(["mean", "std"])
imp.columns = ["imp", "imp_std"]
imp = imp.reset_index(drop=False)

print("Done.")
```

結果表示

```
------------------- 0 -------------------
(712, 2) (712, 1)
(179, 2) (179, 1)
y_train:0.384, y_tr:0.383, y_va:0.385
Training until validation scores don't improve for 100 rounds
[100]   training's auc: 0.844961      valid_1's auc: 0.716469
Early stopping, best iteration is:
[12]    training's auc: 0.793779      valid_1's auc: 0.740382
[accuracy] tr: 0.72, va: 0.68
------------------- 1 -------------------
(713, 2) (713, 1)
(178, 2) (178, 1)
y_train:0.384, y_tr:0.384, y_va:0.382
Training until validation scores don't improve for 100 rounds
[100]   training's auc: 0.826717      valid_1's auc: 0.753008
Early stopping, best iteration is:
[26]    training's auc: 0.807006      valid_1's auc: 0.757219
[accuracy] tr: 0.75, va: 0.68
------------------- 2 -------------------
(713, 2) (713, 1)
(178, 2) (178, 1)
y_train:0.384, y_tr:0.384, y_va:0.382
Training until validation scores don't improve for 100 rounds
[100]   training's auc: 0.839483      valid_1's auc: 0.732687
[200]   training's auc: 0.849542      valid_1's auc: 0.737233
Early stopping, best iteration is:
[191]   training's auc: 0.849143      valid_1's auc: 0.739906
[accuracy] tr: 0.77, va: 0.69


------------------- 3 -------------------
(713, 2) (713, 1)
(178, 2) (178, 1)
y_train:0.384, y_tr:0.384, y_va:0.382
Training until validation scores don't improve for 100 rounds
[100]   training's auc: 0.831826      valid_1's auc: 0.752941
Early stopping, best iteration is:
[28]    training's auc: 0.808756      valid_1's auc: 0.757821
[accuracy] tr: 0.75, va: 0.69
```

第4章

```
------------------- 4 -------------------
(713, 2) (713, 1)
(178, 2) (178, 1)
y_train:0.384, y_tr:0.383, y_va:0.388
Training until validation scores don't improve for 100 rounds
[100]   training's auc: 0.835177        valid_1's auc: 0.735607
Early stopping, best iteration is:
[3]     training's auc: 0.759844        valid_1's auc: 0.759673
[accuracy] tr: 0.62, va: 0.61
------------------- result -------------------
[[0.         0.72050562 0.67597765]
 [1.         0.75175316 0.67977528]
 [2.         0.7713885  0.68539326]
 [3.         0.74614306 0.69101124]
 [4.         0.6171108  0.61235955]]
[cv ] tr: 0.72+-0.05, va: 0.67+-0.03
Done.
```

　ホールドアウト検証の場合と同様、説明変数の重要度を確認します。こちらはモデルを 5 個作成しているため、それぞれの重要度の平均値と標準偏差を計算しています。値はホールドアウト検証と多少違いますが、Fare > Pclass の順番で重要度が高い点は同じです。

スクリプト 4-16　説明変数の重要度の算出

```
imp.sort_values("imp", ascending=False, ignore_index=True)
```

結果表示

	col	imp	imp_std
0	Fare	679.390270	356.992896
1	Pclass	291.704529	138.843896

4.7.3　ベースラインの評価

　ここまでは説明を分かりやすくするために、実は説明をひとつだけ省いていました。それは「ベースラインの正しさをどうやって評価するのか」という点です。

　ここまでの説明を理解した人なら察しがついているかもしれませんが、実は「検証データをもう1つ用意する」ことで評価できます。具体的には、はじめにベースライン検証用としてデータセットの一部を切り出しておいて、あとで検証用に利用します。下の図はそのイメージを表しています。

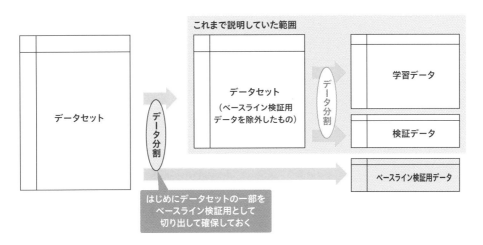

図 4-10　ベースライン検証のためのデータ分割のイメージ

　図の「検証データ」の目的は、手元にあるデータを用いてモデルの精度を計算することです。一方、「ベースライン検証用データ」の目的は、ベースラインの良し悪しを確認することです。

　このベースライン検証用データの作り方としては、時系列的に直近のデータを切り出すのが1つの方法です。なぜなら、作成したモデルを適用するのはこれから先の未来であることが一般的だからです。また、切り出す時期によってバラツキが大きいデータであれば、切り出す時期をずらしながらベースライン検証用データを複数用意することもできます（交差検証の時系列の例と同様です）。

　なお、ベースライン検証用データの目的は、ベースライン（特にバリデーション設計）の評価ですから、ベースラインの検証が終わったら、次に行う「特徴量エンジニアリング」と「モデルチューニング」では省略することもできます。本書の「特徴量エンジニアリング」と「モデルチューニング」の説明では省略しています。心配ならもちろんずっと実施しても構いません。

　そもそも、このバリデーション設計に「最初から自信がある」のであれば、ベースライン検証用データはなくても構いません。というのも、交差検証をしていればある程度リスクは軽減されるので、過度な心配なのかもしれません。ただ、実務では失敗時のリスクが高いので、ベースライン作成時にはベースライン検証用データを用いた検証を行うことをお勧めします。

　ちなみに、「Kaggle のようなコンペではこんなことしてないのでは？」と疑問に思う方もいると思います。コンペの場合は、test データの一部を使って、評価値を参加者に提示するという仕組み（リーダーボードに表示されるスコアのこと）があります。つまり、主催者側が準備してくれているので、コンペ参加者は自然と検証できるのです。

　Kaggle の経験者であれば、「しっかり考えてバリデーション設計をしたのに、サブミットしてみたら評価値にギャップがあって、それをきっかけにして設計の問題に気付いた」という経験をしているのではないでしょうか。まさにそれをしたいのです。問題に気付くための効率的な方法が、検証データをもう 1 つ用意するということなのです。

　実務の場合にはリーダーボードが存在しないので、自分でベースライン検証用データと検証の仕組み（言わば仮想リーダーボード）を用意する必要があるのです。

　次に、このベースライン検証用データを用いてどのようにして評価するのかを説明します。評価の観点にはいくつかあり、モデルの精度に加えて、予測値や誤差の分布も確認します。これらについて、検証データとベースライン検証用データの結果が似ていれば問題なしと判断します。

表 4-8　ベースラインの良し悪しを判断する観点

観点	良し悪しの評価方法
モデルの精度	● 検証データとベースライン検証用データの精度のギャップが少ないことを評価する ● 分析設計で設定した評価指標（例：正解率）を計算
誤差の分布	● 検証データとベースライン検証用データで誤分類の傾向が似ていることを確認する ● [分類の場合] 混同行列を作成して比較 ● [回帰の場合] 誤差の値、ヒストグラムの分布を比較
予測値の分布	● 検証データとベースライン検証用データで分布を可視化して似ていることを確認する ● [分類の場合] 正解ラベルごとに予測値のヒストグラムを描いて比較 ● [回帰の場合] 正解と予測値の散布図

● Titanic の例

　Titanic のデータからベースライン検証用データを作成します。Titanic データは時系列データではなく、直近データの切り出しができないので、「0」と「1」の割合が同じになるように切り出すことにします。スクリプトの (x_va2, y_va2) がベースライン検証用データです。

スクリプト 4-17　ベースライン検証用データの作成

```
x_tr, x_va2, y_tr, y_va2 = train_test_split(x_train,
                                            y_train,
                                            test_size=0.2,
                                            shuffle=True,
                                            stratify=y_train,
                                            random_state=123)
print(x_tr.shape, y_tr.shape)
print(x_va2.shape, y_va2.shape)
```

結果表示

```
(712, 2) (712, 1)
(179, 2) (179, 1)
```

　さらに、残りのデータセットを使って、学習データと検証データに分割します。ここではホールドアウト検証を用いることにします。スクリプトの（x_tr1, y_tr1）が学習データで、(x_va1, y_va1）が検証データです。

スクリプト 4-18　学習データと検証データの分割（ホールドアウト検証）

```
x_tr1, x_va1, y_tr1, y_va1 = train_test_split(x_tr,
                                              y_tr,
                                              test_size=0.2,
                                              shuffle=True,
                                              stratify=y_tr,
                                              random_state=789)
print(x_tr1.shape, y_tr1.shape)
print(x_va1.shape, y_va1.shape)
```

結果表示

```
(569, 2) (569, 1)
(143, 2) (143, 1)
```

　この学習データと検証データを用いてモデル学習を行います。

スクリプト 4-19　モデル学習（ホールドアウト検証）

```python
params = {
    'boosting_type': 'gbdt',
    'objective': 'binary',
    'metric': 'auc',
    'learning_rate': 0.1,
    'num_leaves': 16,
    'n_estimators': 100000,
    "random_state": 123,
    "importance_type": "gain",
}
model = lgb.LGBMClassifier(**params)
model.fit(x_tr1,
          y_tr1,
          eval_set=[(x_tr1,y_tr1), (x_va1,y_va1)],
          early_stopping_rounds=100,
          verbose=10,
          )
```

結果表示

```
Training until validation scores don't improve for 100 rounds
[10]     training's auc: 0.792153     valid_1's auc: 0.72562
[20]     training's auc: 0.810025     valid_1's auc: 0.712087
[30]     training's auc: 0.822545     valid_1's auc: 0.72376
[40]     training's auc: 0.829204     valid_1's auc: 0.719421
[50]     training's auc: 0.836699     valid_1's auc: 0.720455
[60]     training's auc: 0.841808     valid_1's auc: 0.716322
[70]     training's auc: 0.84684     valid_1's auc: 0.71281
[80]     training's auc: 0.851009     valid_1's auc: 0.716529
[90]     training's auc: 0.85472     valid_1's auc: 0.720041
[100]     training's auc: 0.856354     valid_1's auc: 0.722934
Early stopping, best iteration is:
[7]     training's auc: 0.787396     valid_1's auc: 0.729545
LGBMClassifier(importance_type='gain', metric='auc', n_estimators=100000,
               num_leaves=16, objective='binary', random_state=123)
```

　学習したモデルに、「検証データ」と「ベースライン検証用データ」をそれぞれ入力して、予測値を算出します。

スクリプト 4-20 検証データとベースライン検証用データの予測値算出

```
y_va1_pred = model.predict(x_va1)
y_va2_pred = model.predict(x_va2)
```

　これら 2 つの予測値を用いて、「モデルの精度」「予測値の分布」「誤差の分布」をそれぞれ比較します。まずはモデル精度の評価指標は accuracy（正解率）なので、accuracy をそれぞれ計算して比較します。似たような数値になっていることを確認できます。

スクリプト 4-21 モデル精度の比較

```
print("[検証データ] acc: {:.4f}".format(accuracy_score(y_va1, y_va1_pred)))
print("[ベースライン検証用データ] acc: {:.4f}".format(accuracy_score(y_va2, y_va2_
pred)))
```

結果表示

```
[検証データ] acc: 0.7133
[ベースライン検証用データ] acc: 0.7095
```

　次に、誤差分布を比較します。2 値分類なので、混同行列（confusion matrix）を計算して分類結果を確認します。この値の見方を図示しました（**図 4-11**）。行が正解、列が予測になっていて、各々が 0,1 の順番で並んでいます。対角線上の数値が予測が正解しているもので、それ以外は不正解となっています。例えば、検証データでは「1」と予測しているデータが 38 件（=12+26）あって、そのうち 26 件が合っています。逆に、「0」と予測しているデータが 105 件（=76+29）あって、76 件が合っています。検証データとベースライン検証用データの結果を見ると、似たような分布であることが確認できます。

スクリプト 4-22 誤差分布の比較

```
print("検証データ")
print(confusion_matrix(y_va1, y_va1_pred))
print(confusion_matrix(y_va1, y_va1_pred, normalize="all"))
```

```
print("ベースライン検証用データ")
print(confusion_matrix(y_va2, y_va2_pred))
print(confusion_matrix(y_va2, y_va2_pred, normalize="all"))
```

結果表示

```
検証データ
[[76 12]
 [29 26]]
[[0.53146853 0.08391608]
 [0.2027972  0.18181818]]
ベースライン検証用データ
[[92 18]
 [34 35]]
[[0.51396648 0.10055866]
 [0.18994413 0.19553073]]
```

検証データ

件数

	予測=0	予測=1
正解=0	76	12
正解=1	29	26

割合（全データを分母とした割合）

	予測=0	予測=1
正解=0	0.53	0.08
正解=1	0.20	0.18

ベースライン検証用データ

件数

	予測=0	予測=1
正解=0	92	18
正解=1	34	35

割合（全データを分母とした割合）

	予測=0	予測=1
正解=0	0.51	0.10
正解=1	0.19	0.20

図4-11 混同行列の見方

　最後に、予測値の分布を確認します。これまで予測値は「0」と「1」を出していましたが、LightGBMでは「0」から「1」の間の確率値を出すこともできます。イメージとしては、自信があるものほど「1」あるいは「0」に近い値となります。これを使って分布を可視化すると、以下のようになります。多少ズレはありますが、似たような分布となっています。

スクリプト 4-23　予測値の分布比較

```
# 予測値の確率値算出
y_va1_pred_prob = model.predict_proba(x_va1)[:,1]
y_va2_pred_prob = model.predict_proba(x_va2)[:,1]

# 確率値をヒストグラムで可視化
fig = plt.figure(figsize=(10,8))
# 検証データ
fig.add_subplot(2,1,1)
plt.title("検証データ")
plt.hist(y_va1_pred_prob[np.array(y_va1).reshape(-1)==1], bins=10, alpha=0.5, label="1")
plt.hist(y_va1_pred_prob[np.array(y_va1).reshape(-1)==0], bins=10, alpha=0.5, label="0")
plt.grid()
plt.legend()
# ベースライン検証用データ
fig.add_subplot(2,1,2)
plt.title("ベースライン検証用データ")
plt.hist(y_va2_pred_prob[np.array(y_va2).reshape(-1)==1], bins=10, alpha=0.5, label="1")
plt.hist(y_va2_pred_prob[np.array(y_va2).reshape(-1)==0], bins=10, alpha=0.5, label="0")
plt.grid()
plt.legend()
```

結果表示

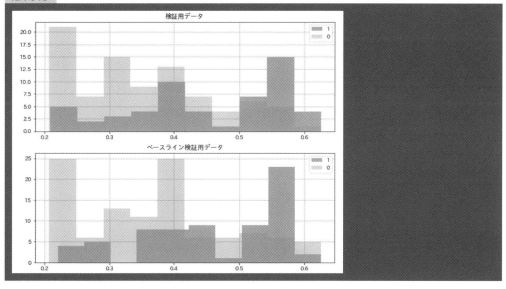

4.8 モデル推論

最後に学習したモデルを用いて、未知データを用いた推論処理を行います。

4.8.1 推論用データセット作成

まずは、推論用データを作成します。流れとしては、データを読み込んで、学習データと同じ方法でデータ前処理と特徴量生成を行なって、データセットを作成します。本章ではほとんど処理をしていないため、以下のような簡単なスクリプトでデータセットを作成できます。

スクリプト 4-24 推論用データセットの作成

```python
df_test = pd.read_csv("../input/titanic/test.csv")
x_test = df_test[["Pclass", "Fare"]]
id_test = df_test[["PassengerId"]]
```

4.8.2 学習済モデルを用いた推論

次に、推論用データセットを学習したモデルに入力して、予測値を算出します。ここでは、ホールドアウト検証で学習した 1 個のモデルを用いて推論しています。

スクリプト 4-25 学習モデルによる推論

```python
y_test_pred = model.predict(x_test)
```

この予測値に PassengerId を付与したものを作成してファイルを出力します。Kaggle のシステムに提出するためのファイルフォーマットに合わせて、1 列目に「PassengerId」、2 列目に「Survived」（予測値）としたファイルを作成します。

スクリプト 4-26　提出用ファイルの作成

```python
df_submit = pd.DataFrame({"PassengerId":id_test["PassengerId"], "Survived":y_test_pred})
display(df_submit.head(5))
df_submit.to_csv("submission_baseline.csv", index=None)
```

結果表示

	PassengerId	Survived
0	892	0
1	893	0
2	894	0
3	895	0
4	896	0

　最後に、Kaggle 特有の操作である「予測値ファイルのダウンロード方法」と「予測値ファイルの提出方法 (サブミット方法)」を説明します。

　まずファイルのダウンロード方法ですが、画面右上の「＜|」を押すと**図 4-12** のようなメニューが表示されるので、「Output」の「/Kaggle/working」の下に出力したファイルがあることを確認してください。ファイルがあれば、ファイル名の右側にマウスカーソルを持っていくと「More Actions」という表示が出るので、マウスボタンを押すと「Download」と表示されます。これを選択すればファイルを手元の PC にダウンロードできます。

図 4-12　ファイルのダウンロード方法

　ファイルを提出するときは、画面右上の「Submit Predictions」を押下します。ファイルの
アップロード画面が表示されるので、Step1 の点線で囲まれた領域にファイルをドラッグ＆
ドロップします。そうするとファイルがアップロードされ、アップロード終了後に「Make
Submission」を押せばファイル提出は完了です。Learderboard の画面に切り替わるので、そ
こで自身の評価値を確認できます。この画面の下にはランキング表が表示されているので順位
も確認できます。

図 4-13　ファイルの提出方法

　本章では、分析で最初に行う「ベースライン作成」の方法を説明しました。モデルの精度を高めるための手法も重要ですし、そこに注目してしまいがちですが、ベースライン作成はそれ以上に重要なポイントだと筆者は考えています。

　ここを間違ったまま進めてしまうと、間違いに気付いたときに時間を無駄にしてしまいますし、過学習によりコンペの順位も大きくダウンしてしまう恐れがあります。

　これは実務においても同様で、ベースライン作成を素早く正しく行うことで、業務効率も、分析の品質も高めることができます。逆に言えば、ここを正しくできないと業務効率の低下と分析品質の低下につながるため、とても危険です。実務やコンペで色々な課題に取り組み、ベースライン作成の経験を積んでいくことが重要です。

第4章

Column

コラム④：公開 Notebook のベースラインの活用

　本章で説明した「ベースライン」は、コンペ初期に上級者が作成して、共有してくれることが多々あります。これは非常にありがたいです。それをコピーして進めれば、分析を大幅に効率化できます。

　しかし、はじめは自力でベースラインを作成することを強くお勧めします。何から手を付けてよいか全く分からない状態であれば別ですが、途中まででもよいので、ある程度まで進めることができるなら、まずは自力でやった方がよいです。

　理由は色々あります。「力が付くから」という理由もありますが、それよりも「ベースライン作成は面白いから」です。数学の参考書で問題を解こうとしているとき、考える前に巻末の回答を見てしまったら面白くありません。急いでいるなら別ですが、時間があるなら、まずは試行錯誤する楽しみを味わってみましょう。

　筆者は以下のような手順で進めています。

- 手順 1. 自力でベースラインを作成する
- 手順 2. 公開されているベースラインを見て、自分との差分を確認する
- 手順 3. 取り込めるものを自身のベースラインに取り込んでいく

　このうち「手順 2」の差分の解析が重要です。考えの足りないところや間違っていたところがあったら、取り込めばよいのです。公開されているベースラインにないアイデアを、1 つでも自力で考え出せていたら嬉しいものです。

　とにかく真っ白な状態で「ベースライン作成」を体験できるのは、1 コンペにつき最初の 1 回だけです。そのため、私はその機会を大切に使うようにしています。

第 **5** 章

特徴量エンジニアリング

　第 5 章では、第 4 章で説明した「①ベースライン作成」「②特徴量エンジニアリング」「③モデルチューニング」のうち、②について詳しく説明します。

　データ確認や欠損値処理などの「データ前処理」と、数値やカテゴリ変数といった変数を用いた「特徴量生成」、作成した特徴量を絞り込む「特徴量選択」のやり方を説明していきます。

表 5-1　分析プロセスの構成（表 4-1 の一部を省略）

#	分析プロセス	タスク	①ベースライン作成	②特徴量エンジニアリング	③モデルチューニング
1	分析設計	（省略）	○		
2-1		ファイル読み込み	○		
2-2		データの確認（簡易）	○		
2-3	データ前処理	データの確認（詳細）		○	
2-4		欠損値の対応		○	
2-5		外れ値の対応		○	
3-1		単変数：数値		○	
3-2		単変数：カテゴリ変数		○	
3-3		2 変数組合せ：数値 × 数値		○	
3-4	特徴量生成	2 変数組合せ：数値 × カテゴリ変数		○	
3-5		2 変数組合せ：カテゴリ変数 × カテゴリ変数		○	
3-6		時系列データ		○	
3-7		テキストデータ		○	
4-1	データセット作成	特徴量選択		○	
4-2		データセット作成	○		
5	バリデーション設計	（省略）	○		
6	モデル学習	（省略）	○		○
7	モデル推論	（省略）	○		

　なお、第 4 章に引き続き、「Titanic」のデータセットを利用します。このため、本章のスクリプトを実行する前に、第 4 章第 3 節「ファイルの読み込み」のスクリプトを実行し、前提となるライブラリと、Titanic ファイルを読み込んでおいてください。

5.1 特徴量エンジニアリングの進め方

特徴量エンジニアリングでは、**表 5-1** の②の列で「○」になっている部分を主に進めていきます。

「②特徴量エンジニアリング」は、「①ベースライン作成」と全く独立した作業ではなく、第4章で作成したベースラインのコードに手を加える形で進めていきます。

また、ここの作業だけを個別にやっていくのではなく、1つ1つの処理の良し悪しを判断するために、ベースラインのコードを実行して、都度モデルの学習・評価を行います。例えば、**図 5-1** のように欠損値を補間した場合には、その効果を確認するためにモデルの学習・評価を行います。説明変数を作成した場合や、利用する説明変数を変更した場合も同様です。

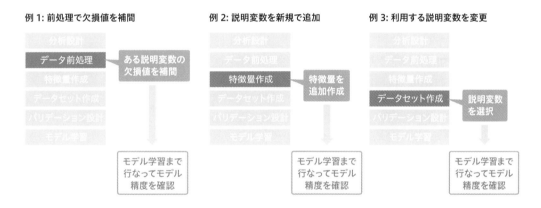

図 5-1　特徴量エンジニアリングの作業イメージ

これらの確認作業は非常に重要で、まさに「トライ＆エラー」と呼んでいる箇所に相当します。試行した処理に効果があれば採用し、効果がなければ不採用とします。色々と実験を重ねてどんどんモデルを改良していくわけです。

ちなみに、このトライ＆エラーを支えているのがベースラインであり、良し悪しを評価する「物差し」になります。「①ベースライン作成」が如何に重要であるかが改めて理解できると思います。

なお、「都度モデルの学習・評価を行う」と上述しましたが、確認の単位は状況に応じて判

断してください。確認の単位が小さい方が、変更の要因がはっきりしますが、確認作業が多くなります。一方、単位が大きいと、まとめて確認できるものの、要因の所在が曖昧になります。トレードオフの関係にありますので、1 回の学習に要する時間や、どのくらいのトライ＆エラーを繰り返すかによって決めてください。例えば以下のようなイメージがお勧めです。

- **テーブル数が多い：**テーブル単位でまとめて処理をして評価
- **1 テーブルだけどカラム数が多い：**カラム単位で処理をして評価
- **1 テーブルでカラム数が少ない：**処理を 1 つ行うごとに評価

● 特徴量エンジニアリングの評価の例

　例として、「説明変数を 1 つ追加した場合」の評価手順を説明します。再掲部分が多いため、4 章からの再掲箇所はスクリプト番号のみ記載します。下記のうち下線部分が新規スクリプトです。

ベースラインの作成

1. ライブラリのインポート（スクリプト 4-1）
2. ファイルの読み込み（スクリプト 4-2）
3. データセット作成（スクリプト 4-8）
4. モデル学習・評価の関数定義（スクリプト 5-1）※スクリプト 4-15 を関数化したもの
5. モデル学習・評価（スクリプト 5-2）

特徴量エンジニアリング

6. 変数追加・データセット作成（スクリプト 5-3）※ 5.2 節以降はここに特化して説明しています
7. モデル学習・評価（スクリプト 5-4、スクリプト 5-5）

　モデル学習・評価は、特徴量エンジニアリングにおいて何度も繰り返し行う作業であるため、関数化しておきます。そして、この関数を用いて学習・評価を実施します。結果は 4 章スクリプト 4-15 の結果表示と同じです。

スクリプト 5-1　モデル学習・評価（スクリプト 4-15 を関数化）

```
params = {
    'boosting_type': 'gbdt',
```

```python
    'objective': 'binary',
    'metric': 'auc',
    'learning_rate': 0.1,
    'num_leaves': 16,
    'n_estimators': 100000,
    "random_state": 123,
    "importance_type": "gain",
}


def train_cv(input_x,
             input_y,
             input_id,
             params,
             n_splits=5,
             ):
    metrics = []
    imp = pd.DataFrame()

    cv = list(StratifiedKFold(n_splits=n_splits, shuffle=True, random_state=123).
split(input_x, input_y))
    for nfold in np.arange(n_splits):
        print("-"*20, nfold, "-"*20)
        idx_tr, idx_va = cv[nfold][0], cv[nfold][1]
        x_tr, y_tr = input_x.loc[idx_tr, :], input_y.loc[idx_tr, :]
        x_va, y_va = input_x.loc[idx_va, :], input_y.loc[idx_va, :]
        print(x_tr.shape, y_tr.shape)
        print(x_va.shape, y_va.shape)
        print("y_train:{:.3f}, y_tr:{:.3f}, y_va:{:.3f}".format(
            input_y["Survived"].mean(),
            y_tr["Survived"].mean(),
            y_va["Survived"].mean(),
        ))

        model = lgb.LGBMClassifier(**params)
        model.fit(x_tr,
                  y_tr,
                  eval_set=[(x_tr,y_tr), (x_va,y_va)],
                  early_stopping_rounds=100,
                  verbose=100,
```

```
                      )

        y_tr_pred = model.predict(x_tr)
        y_va_pred = model.predict(x_va)
        metric_tr = accuracy_score(y_tr, y_tr_pred)
        metric_va = accuracy_score(y_va, y_va_pred)
        print("[accuracy] tr: {:.2f}, va: {:.2f}".format(metric_tr, metric_va))
        metrics.append([nfold, metric_tr, metric_va])

        _imp = pd.DataFrame({"col":input_x.columns, "imp":model.feature_importances_, ⤸
"nfold":nfold})
        imp = pd.concat([imp, _imp], axis=0, ignore_index=True)

    print("-"*20, "result", "-"*20)
    metrics = np.array(metrics)
    print(metrics)

    print("[cv ] tr: {:.2f}+-{:.2f}, va: {:.2f}+-{:.2f}".format(
        metrics[:,1].mean(), metrics[:,1].std(),
        metrics[:,2].mean(), metrics[:,2].std(),
    ))

    imp = imp.groupby("col")["imp"].agg(["mean", "std"])
    imp.columns = ["imp", "imp_std"]
    imp = imp.reset_index(drop=False)

    print("Done.")

    return imp, metrics
```

スクリプト 5-2 モデル学習・評価

```
imp, metrics = train_cv(x_train, y_train, id_train, params, n_splits=5)
```

```
------------------- 0 -------------------
 (省略)
------------------- result -------------------
[[0.        0.72050562 0.67597765]
 [1.        0.75175316 0.67977528]
```

```
    [2.         0.7713885  0.68539326]
    [3.         0.74614306 0.69101124]
    [4.         0.6171108  0.61235955]]
[cv ] tr: 0.72+-0.05, va: 0.67+-0.03
Done.
```

　次に、「Age」というカラムをデータセットに追加してみましょう。特に加工は必要ないので、x_train を作成するときにカラムを追加するだけです。

スクリプト5-3 変数追加・データセット作成（Age の追加）

```
x_train, y_train, id_train = df_train[["Pclass", "Fare", "Age"]], \
                             df_train[["Survived"]], \
                             df_train[["PassengerId"]]
print(x_train.shape, y_train.shape, id_train.shape)
```

```
(891, 3) (891, 1) (891, 1)
```

　カラムを追加したことによる効果を確認するために、新しいデータセットを用いて、モデルの学習・評価をしてみましょう。accuracy が 0.67 から 0.69 に 0.02 上がっていました。追加した Age は、モデル精度の改善に寄与していることが確認できました。

スクリプト5-4 モデル学習・評価（新しいデータセットの利用）

```
imp, metrics = train_cv(x_train, y_train, id_train, params, n_splits=5)
```

```
------------------- 0 -------------------
（省略）
------------------- result -------------------
[[0.         0.8244382  0.70391061]
 [1.         0.75736325 0.71910112]
 [2.         0.7026648  0.65730337]
 [3.         0.76858345 0.6741573 ]
 [4.         0.7769986  0.71348315]]
[cv ] tr: 0.77+-0.04, va: 0.69+-0.02
Done.
```

　また、重要度を見ても、Fare の次に高く、効いていることが分かります。

スクリプト 5-5　説明変数の重要度の算出

```
imp.sort_values("imp", ascending=False, ignore_index=True)
```

結果表示

	col	imp	imp_std
0	Fare	547.621958	270.958097
1	Age	436.497719	247.807858
2	Pclass	299.843845	103.344422

　この一連の確認作業を都度行っていきます。一見面倒な感じもしますが、この積み重ねが重要です。そして、良し悪しが判断できるので、「自分の考えたアイデアが効いた！」となることが楽しくなってくるはずです。

　次節以降では、特徴量エンジニアリングで行う処理とその例をそれぞれ紹介していきます。なお、本節で述べた精度の確認作業は繰り返しになるため、省略します。是非手元で確認しながら進めてください。

5.2 データ前処理

5.2.1 データの確認（詳細）

　ベースライン作成ではレコード数やカラム数などの簡単なデータ確認方法を紹介しました。ここではさらに、データの分布を確認するために、数値データの場合は平均値や最大値などの要約統計量、カテゴリ変数の場合は種類ごとの件数を表示する方法を説明します。

① 要約統計量の一括確認

② 指定した要約統計量の確認

③ 種類ごとの件数確認（主にカテゴリ変数）

　また最後に、これらを含めデータの件数や分布をまとめて確認するのに便利なライブラリである「pandas_profiling」についても説明します。

① 要約統計量の一括確認：Pandas 関数 describe() を使う

　データフレームの後ろに「.describe()」と付けるだけで、データフレームのカラムごとの各種統計量をまとめて算出できます。これは関数の括弧内の引数を指定することで、数値データのカラムにも、カテゴリ変数のカラムにも適用できます。引数指定なしの場合は数値、引数に「exclude='number'」を指定するとカテゴリ変数に対応できます。さらに、「include='all'」と指定すると、両方をまとめて集計してくれます。

　数値データの場合は、データ件数（count）、平均値（mean）、標準偏差（std）、最小値（min）、25 パーセンタイル（25%）、50 パーセンタイル（50%）、75 パーセンタイル（75%）、最大値（max）を表示します。また、カテゴリ変数の場合には、データ件数（count）、ユニーク件数（unique）、出現回数の一番多い値（top）、その出現回数（freq）を表示します。

　カラム数が多くて画面に入り切らない場合には、後ろに「.T」を付けてください。行列が転置されて見やすくなります。

スクリプト5-6 要約統計量の一括確認（数値データ）

```
df_train.describe().T
```

結果表示

	count	mean	std	min	25%	50%	75%	max
PassengerId	891.0	446.000000	257.353842	1.00	223.5000	446.0000	668.5	891.0000
Survived	891.0	0.383838	0.486592	0.00	0.0000	0.0000	1.0	1.0000
Age	714.0	29.699118	14.526497	0.42	20.1250	28.0000	38.0	80.0000
SibSp	891.0	0.523008	1.102743	0.00	0.0000	0.0000	1.0	8.0000
Parch	891.0	0.381594	0.806057	0.00	0.0000	0.0000	0.0	6.0000
Fare	891.0	32.204208	49.693429	0.00	7.9104	14.4542	31.0	512.3292

スクリプト5-7 要約統計量の一括確認（カテゴリ変数）

```
df_train.describe(exclude='number').T
```

結果表示

	count	unique	top	freq
Name	891	891	Cunningham, Mr. Alfred Fleming	1
Sex	891	2	male	577
Ticket	891	681	1601	7
Cabin	204	147	G6	4
Embarked	889	3	S	644

② 指定した要約統計量の確認：Pandas 関数 agg() を使う

　①と同様、要約統計量を確認する方法です。ただし、①では自動的に複数の要約統計量が算出されましたが、こちらは指定した要約統計量のみが表示されます。特定の要約統計量を確認したい場合や、describe に含まれていないものを確認したい場合に利用します。例えば、「Fare」の平均値を確認したいときには、以下のようにして集計します。ここでは「Fare」カラムを指定していますが、指定せずに「df_train.agg(["mean"]).T」とすると全カラムを対象にして表示されます。

スクリプト 5-8　要約統計量の確認（数値データ）

```
df_train[["Fare"]].agg(["mean"]).T
```

結果表示

	mean
Fare	32.204208

また、agg の括弧内のリストに集計したい項目を追加することで、複数の要約統計量を同時に確認できます。例えば、「平均値」「標準偏差」「最小値」「最大値」を取得したい場合に、下記のようにすればまとめて表示できます。

スクリプト 5-9　複数の要約統計量の確認（その1）

```
df_train[["Fare"]].agg(["mean", "std", "min", "max"]).T
```

結果表示

	mean	std	min	max
Fare	32.204208	49.693429	0.0	512.3292

さらに、「データの型」「データ件数」「ユニーク件数」も確認したい場合は、「dtype」「count」「nunique」を追加することで表示できます。

スクリプト 5-10　複数の要約統計量の確認（その2）

```
df_train[["Fare"]].agg(["dtype", "count", "nunique", "mean", "std", "min", "max"]).T
```

結果表示

	dtype	count	nunique	mean	std	min	max
Fare	float64	891	248	32.204208	49.693429	0.0	512.3292

ここまでの例ではカラム1個に対して要約統計量を計算していましたが、複数のカラムを同時に確認することもできます。

スクリプト 5-11　複数のカラムを同時に確認

```
df_train.agg(["dtype", "count", "nunique", "min", "mean", "max"]).T
```

結果表示

	dtype	count	nunique	min	mean	max
PassengerId	int64	891	891	1	446.0	891
Survived	int64	891	2	0	0.383838	1
Pclass	object	891	3	1	2.308642	3
Name	object	891	891	Abbing, Mr. Anthony	NaN	van Melkebeke, Mr. Philemon
Sex	object	891	2	female	NaN	male
Age	float64	714	88	0.42	29.699118	80.0
SibSp	int64	891	7	0	0.523008	8
Parch	int64	891	7	0	0.381594	6
Ticket	object	891	681	110152	NaN	WE/P 5735
Fare	float64	891	248	0.0	32.204208	512.3292
Cabin	object	204	147	NaN	NaN	NaN
Embarked	object	889	3	NaN	NaN	NaN

③ 種類ごとの件数確認：Pandas 関数 value_counts() を使う

　カテゴリ変数において、種類ごとの件数を確認する方法です。種類がどのくらいあるのか、偏りはどの程度あるのかを確認するのに利用します。データフレームで特定のカラムを指定し、その後ろに「.value_counts()」を付けることで確認できます。

　例えば、サンプルデータで男女の人数を確認したい場合は、性別の「Sex」に適用します。そうすると「male」が 577、「female」が 314 と表示され、男性が 577 人、女性が 314 人だと分かります。

　なお、.value_counts() は数値データに対しても適用できます。同じ値がどれくらいあるのかを確認したいときに有用です。

スクリプト 5-12　種類ごとの件数確認

```
df_train["Sex"].value_counts()
```

結果表示

```
male 577
female 314
Name: Sex, dtype: int64
```

● 便利な集計ライブラリ pandas_profiling

最後に、データの件数や分布などの様々な情報をまとめて集計・可視化してくれる便利なライブラリを紹介します。「pandas_profiling」というライブラリで、ここに含まれる「ProfileReport」関数にデータフレームを入力するだけで自動的に処理してくれます。

ただし、データ量が多いと、非常に多くの処理時間がかかりますので注意してください。

スクリプト 5-13 pandas_profiling ライブラリの利用

```
pdp.ProfileReport(df_train)
```

結果表示

Variables

PassengerId			
Real number ($\mathbb{R}_{\geq 0}$)	Distinct	891	
	Distinct (%)	100.0%	
UNIFORM	Missing	0	
UNIQUE	Missing (%)	0.0%	
	Infinite	0	
	Infinite (%)	0.0%	

Mean	446	
Minimum	1	
Maximum	891	
Zeros	0	
Zeros (%)	0.0%	
Memory size	7.1 KiB	

Toggle details

Survived		
Categorical	Distinct	2
	Distinct (%)	0.2%
	Missing	0
	Missing (%)	0.0%
	Memory size	7.1 KiB

0　549
1　342

Toggle details

（このあとも続きますが長いので省略します）

5.2.2 欠損値の把握・補間

　分析対象のデータには必ず何らかの値が入っているわけではなく、「欠損」となっている場合もあります。欠損が生じている理由には、以下の事情が考えられます。

● 本来はデータがあるはずなのに、何らかの理由でデータが消失してしまった
● 元からデータが存在しない

　1 番目は、原理的には存在しているデータの一部が、実際にはデータ化できなかったケースです。例えば、サーバが一時ダウンしていたために記録されなかったログデータなどが該当します。2 番目は、アンケートデータで回答者が回答しなかった場合などが該当します。

　欠損値に対して、1 番目の例であれば前後の値から線形補間し、2 番目の例であれば「回答なし」で埋める方法が考えられます。このように、どのように対処するかを決める際には欠損理由が大事になります。それを考慮せずに、「とりあえず 0 で埋める」「とりあえず平均値で埋める」という行為はデータ改変に近い行為なので、安易に行わない方がよいでしょう。このため、最初は「何も対処しない」という選択肢が割と有効です（ベースラインで利用しているLightGBM は欠損があっても学習可能です）。

　なお、コンペでは、与えられた情報から欠損理由を推測し、様々な欠損値補間方法を試して、モデル精度の改善結果から、欠損値への対処方法を決めていくことになります。一方、実務では、業務担当者やシステム管理者にヒアリングして、「なぜ欠損しているのか」「この欠損はどういう意味か」「欠損にはどう対処したらいいか」を確認してください。

　なお、欠損は「null」となっているケースだけとは限りません。データ型が文字型であれば空白（ブランク）となっている場合もあるので、「value_counts」などを使って空白の有無を確認してください。空白ではなく何個かスペースが入っているケースもあるので、注意してください。また、欠損値が「999999」などの特定の値で埋められているケースもあります。さらに、1 つのカラムで「null」「空白」「999999」などが混在しているケースもあります。これも実務ではヒアリングすればすぐに分かることなので、どれが欠損を意味するのかを確認しましょう。

　以降では、欠損値の確認方法と、補間方法の例を説明します。

① 欠損値の確認
② 欠損値の補間方法：数値データ
③ 欠損値の補間方法：カテゴリデータ

① 欠損値の確認方法

カラムごとの欠損値の個数は「df_train.isnull().sum()」で簡単に確認できます。なお、欠損が空白の場合は「(df_train=="").sum()」でカウントできます。

スクリプト 5-14 欠損値の確認

```
df_train.isnull().sum()
```

結果表示

```
PassengerId 0
Survived    0
Pclass      0
Name        0
Sex         0
Age         177
SibSp       0
Parch       0
Ticket      0
Fare        0
Cabin       687
Embarked    2
dtype: int64
```

② 欠損値の補間方法（数値データ）

数値データの場合の例として、「0 埋め」と「平均値補間」による方法を示します。

スクリプト 5-15 欠損値補間（0 埋め）

```
df_train["Age_fillna_0"] = df_train["Age"].fillna(0)
df_train.loc[df_train["Age"].isnull(), ["Age", "Age_fillna_0"]].head()
```

結果表示

	Age	Age_fillna_0
5	NaN	0.0
17	NaN	0.0
19	NaN	0.0
26	NaN	0.0
28	NaN	0.0

スクリプト 5-16　欠損値補間（平均値補間）

```
df_train["Age_fillna_mean"] = df_train["Age"].fillna(df_train["Age"].mean())
df_train.loc[df_train["Age"].isnull(), ["Age", "Age_fillna_mean"]].head()
```

結果表示

	Age	Age_fillna_mean
5	NaN	29.699118
17	NaN	29.699118
19	NaN	29.699118
26	NaN	29.699118
28	NaN	29.699118

③ 欠損値の補間方法（カテゴリデータ）

カテゴリデータの場合の例として、「空白埋め」と「最頻値補間」による方法を示します。

スクリプト 5-17　欠損値補間（空白埋め）

```
df_train["Cabin_fillna_space"] = df_train["Cabin"].fillna("")
df_train.loc[df_train["Cabin"].isnull(), ["Cabin", "Cabin_fillna_space"]].head()
```

結果表示

	Cabin	Cabin_fillna_space
0	NaN	
2	NaN	
4	NaN	
5	NaN	
7	NaN	

スクリプト 5-18 欠損値補間（最頻値補間）

```python
df_train["Cabin_fillna_mode"] = df_train["Cabin"].fillna(df_train["Cabin"].mode()[0])
df_train.loc[df_train["Cabin"].isnull(), ["Cabin", "Cabin_fillna_mode"]].head()
```

結果表示

	Cabin	Cabin_fillna_mode
0	NaN	B96 B98
2	NaN	B96 B98
4	NaN	B96 B98
5	NaN	B96 B98
7	NaN	B96 B98

▶ 5.2.3 外れ値の検出・補正

　外れ値は欠損値よりも把握するのが難しくなります。なぜなら、欠損値は値がないので比較的簡単に見つかりますが、外れ値かどうかは値を見ただけで判定できないからです。

　本項では、この外れ値の検出方法と補正方法を説明します。

① 一般的な知識やドメイン知識による外れ値の判定
② 分布を推定して外れ値を判定する方法
③ 外れ値の補正方法

① 一般的な知識やドメイン知識による外れ値の判定

　一般的な知識や業界特有の知識により、値の取りうる範囲が絞れる場合があります。

　範囲が分かりやすい例として、生きている人の「年齢」があります。年齢にマイナスはありませんし、99999歳となることもありません。それにもかかわらず、年齢にマイナスの値や99999があったら、システム障害やデータ処理のバグなど何らかの異常があったと考えられます。

　このように正常なデータの範囲が想定できる場合は、「最小値」と「最大値」を確認して、外れ値がないことを確認してください。確認方法は以下のとおりです。

スクリプト 5-19　最小値の最大値の確認

```
df_train["Age"].agg(["min","max"])
```

結果表示

```
min 0.42
max 80.00
Name: Age, dtype: float64
```

　また、値の分布を可視化することでも、外れ値の有無を確認できます。例えば、人間の年齢なのに200や300のところに値がある場合、ヒストグラムで可視化すればすぐに分かります。

スクリプト 5-20　分布の確認

```
df_train["Age"].hist()
```

結果表示

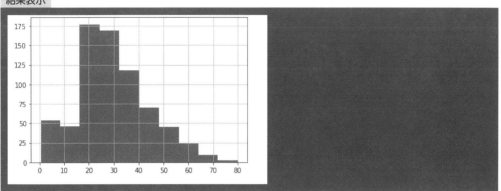

② 分布を推定して外れ値を判定する方法

　一般的な知識やドメイン知識によって判断ができないときは、分布を推定して判定する方法もあります。いくつか方法がありますが、ここでは「四分位範囲（IQR）」を利用する方法を説明します。簡単に言うと、データの分布から上限値と下限値を推定する方法です。

　具体例を挙げましょう。25 パーセンタイル（小さい順に並べたときに 25% のところにあるデータ）と 75 パーセンタイル（小さい順に並べたときに 75% のところにあるデータ）を求めて、その差分から四分位範囲を計算します。

- 四分位範囲＝ 75 パーセンタイル － 25 パーセンタイル

　さらに、下記の計算から上限値と下限値を推定します。

- 下限値＝ 25 パーセンタイル － 四分位範囲 × 1.5
- 上限値＝ 75 パーセンタイル ＋ 四分位範囲 × 1.5

　この上限値を上回るデータと、下限値を下回るデータが外れ値となります。下記の例では、-6.6875 を下回るデータと、64.8125 を上回るデータが外れ値と判定されます。

第5章

スクリプト 5-21　四分位範囲を利用した外れ値検出方法

```python
quartile = df_train["Age"].quantile(q=0.75) - df_train["Age"].quantile(q=0.25)
print("四分位範囲:", quartile)
print("下限値:", df_train["Age"].quantile(q=0.25) - quartile*1.5)
print("上限値:", df_train["Age"].quantile(q=0.75) + quartile*1.5)
```

結果表示

```
四分位範囲: 17.875
下限値: -6.6875
上限値: 64.8125
```

　注意点は、この方法で得られる値が、あくまでも推定された上限値・下限値であることです。間違っている可能性があるので、これに基づいて機械的に外れ値を検出して補正してしまうと望ましくないデータ改変になってしまいます。正しいモデルが作成できなくなるリスクがあるので、無闇に適用しないことをお勧めします。上記のスクリプトでも、上限値が約 65 歳となり、それ以上は異常値となってしまいます。実際にはそんなことはなく、普通に問題のない値です。

　お勧めの使いどころとしては、モデルの精度が上がらない場合や、目的変数への影響が大きそうな変数なのになぜかモデル上の重要度が低い場合に、データの異常が考えられるが、(1) の方法では外れ値を判別できないときに試してみるのがよいでしょう。

③ 外れ値の補正方法

　外れ値への対処方法には、以下のようなものがあります。

- レコードごと除外する
- 欠損値に変換する
- ヒアリングして外れ値を正しい値に変換する
- 他のデータから推定して補正する
- 何もしない

　迷ったら「何もしない」がお勧めです。先ほどの例の「年齢がマイナス」などのように、明らかに異常な値なら「欠損値に変換する」のも有効です。また、実務においては、なぜ外れ値が存在しているのかをヒアリングし、正しい値が分かるのであれば「ヒアリングして外れ値を正しい値に変換する」のも有効です。

　例として、年齢がマイナスの場合に欠損値に変換する方法を示します。このデータにはマイナスがないので何も変わらないですが、このようなスクリプトで変換できます。

スクリプト 5-22 外れ値を欠損値に変換

```
df_train.loc[df_train["Age"]<0, "Age"] = np.nan
```

5.2.4 標準化・正規化

データの前処理には「標準化」や「正規化」といった処理もあります。これらの用語は色々な場合に異なる意味で使われるため、本書では以下のように定義します。

- **標準化**：平均値が 0、標準偏差が 1 になるように変換すること。各値から平均値を引いて標準偏差で割る
- **正規化**：最小値が 0、最大値が 1 になるように変換すること。最大値と最小値を計算して、各値から最小値を引いて、最大値と最小値の差分で割る

これらの処理をすると、データの「スケール」が統一されます。

これらの処理が必要か否か、また、有効かどうかは、機械学習モデルの種類に依存します。重回帰モデルや K 近傍法などでは標準化が必要です。また、ニューラルネットワークやディープラーニングでは標準化あるいは正規化が必要です。一方、決定木系のモデル（勾配ブースティング決定木である LightGBM を含む）では不要です。ただ、標準化や正規化を行うことでモデルの精度が良くなるときもあるので、チューニングの 1 つとして覚えておいてください。

それぞれの処理スクリプトの例を以下に示します。なお、scikit-learn を利用しない版と利用した版を例示しています。

スクリプト 5-23　標準化

```python
value_mean = df_train["Fare"].mean()
value_std = df_train["Fare"].std(ddof=0) #母集団の標準偏差を利用する場合
# value_std = df_train["Fare"].std() #標本の標準偏差を利用する場合
print("mean:", value_mean, ", std:", value_std)


df_train["Fare_standard"] = (df_train["Fare"] - value_mean) / value_std
df_train[["Fare", "Fare_standard"]].head()
```

結果表示

```
mean: 32.204207968574636 , std: 49.6655344447741
     Fare   Fare_standard
0  7.2500      -0.502445
1  71.2833      0.786845
2  7.9250      -0.488854
3  53.1000      0.420730
4  8.0500      -0.486337
```

スクリプト 5-24 標準化（scikit-learn 利用）

```
std = StandardScaler()
std.fit(df_train[["Fare"]])
print("mean:", std.mean_[0], ", std:", np.sqrt(std.var_[0]))

df_train["Fare_standard"] = std.transform(df_train[["Fare"]])
df_train[["Fare", "Fare_standard"]].head()
```

結果表示

```
mean: 32.204207968574636 , std: 49.6655344447741
     Fare   Fare_standard
0  7.2500      -0.502445
1  71.2833      0.786845
2  7.9250      -0.488854
3  53.1000      0.420730
4  8.0500      -0.486337
```

スクリプト 5-25 正規化

```
value_min = df_train["Fare"].min()
value_max = df_train["Fare"].max()
print("min:", value_min, ", max:", value_max)
df_train["Fare_normalize"] = (df_train["Fare"] - value_min) / (value_max - value_min)
df_train[["Fare", "Fare_normalize"]].head()
```

結果表示

```
min: 0.0 , max: 512.3292
     Fare   Fare_normalize
0    7.2500      0.014151
1   71.2833      0.139136
2    7.9250      0.015469
3   53.1000      0.103644
4    8.0500      0.015713
```

スクリプト 5-26　正規化（scikit-learn 利用）

```python
mms = MinMaxScaler(feature_range=(0, 1))
mms.fit(df_train[["Fare"]])
print("min:", mms.data_min_[0], ", max:", mms.data_max_[0])


df_train["Fare_normalize"] = mms.transform(df_train[["Fare"]])
df_train[["Fare", "Fare_normalize"]].head()
```

結果表示

```
min: 0.0 , max: 512.3292
     Fare   Fare_normalize
0    7.2500      0.014151
1   71.2833      0.139136
2    7.9250      0.015469
3   53.1000      0.103644
4    8.0500      0.015713
```

特徴量生成

機械学習のモデルの入力データには、「目的変数」と「説明変数」があり、後者の説明変数を作成することを「特徴量生成」と言います。説明変数（特徴量）[*1] はモデルの精度に大きく影響を与えるため、非常に重要なプロセスです。

特徴量の作成アプローチは大きく 2 パターンあります。

① 仮説ベースの特徴量生成

目的変数の意味から、目的変数と関係がありそうな仮説を立案し、それに対応する特徴量を作成するアプローチです。例えば Titanic の場合、「子供は優先して救助された」という仮説を立てて、子供かどうかという変数を作成するなどです。

② 機械的な特徴量生成

仮説なしに機械的に特徴量を作成するアプローチです。例えば、ある説明変数を二乗するとか、2 つの説明変数を掛け算するなどの方法です。

仮説の質にもよりますが、基本的に効率が良いのは①の方です。仮説を立案できるようであれば、まずは①で進めます。そして、思い付く仮説を検証し尽くしたが、精度が上がらない場合に②を試す、という順番が適切です。業務的・学術的に専門性が高いデータや、匿名性が高くデータの意味がデータサイエンティスト側に隠されているケースでは、①のアプローチが困難なため、はじめから②で進める場合もあります。

仮説の立案は業務知識とセンスが問われる難しい作業です。しかし、実務では業務担当者にヒアリングすることで、各種データの意味や業務上の関係性など、仮説につながる情報を集めることができます。どのように業務知識を聞き出すかということもデータサイエンティストにとって重要なスキルなので、何度も実施して経験を重ねてください。ヒアリングした内容をベースに仮説を立案し、適切な説明変数（特徴量）を作成するところが、データサイエンティストの腕の見せ所です。

以降では、特徴量生成の方法を説明します。代表的なものを**表 5-2** に整理しました。

第5章

---

*1 本文中に出てくる「説明変数」と「特徴量」では、表現が違いますが同じものと解釈してください。

表5-2　特徴量生成リスト

#	タイプ	利用する変数	加工方法
1	単変数	数値	対数変換
			累乗、指数関数、逆数
			離散化
			欠損かどうかで 0/1 に変換
2	単変数	カテゴリ変数	One Hot Encoding
			Count Encoding
			Label Encoding
			欠損かどうかで 0/1 に変換
3	2変数組合せ	数値×数値	四則演算
		カテゴリ変数×カテゴリ変数	2 変数の値に応じて 0/1 に変換
		数値×カテゴリ変数	カテゴリ変数をキーにして数値の集約値を算出
4	時系列データ	時間データ	ラグ特徴量
			ウィンドウ特徴量
			累積特徴量
5	テキストデータ	テキストデータ	テキストのベクトル化 （BoW、TF-IDF、word2vec、BERT）

5.3.1 単変数：数値

数値データの単変数の場合、特徴量生成には以下のような方法があります。

① 対数変換

② 累乗、指数関数、逆数

③ 離散化

④ 欠損かどうかで0/1に変換

① 対数変換

特徴量として、元のデータの対数を使う方法です。桁が大きく裾が長い分布の場合に有効で、対数変換すると正規分布になるようなケースによく適用されます。

0より大きな数値でないと対数変換できないので、0以下の値がある場合には、0よりも大きな値へと事前に変換する必要があります。例えば、金額の場合は0円があるので、np.log(x + 1e-5) などのように小さな値を加えることで、0よりも大きくしてから対数変換します。あるいは、np.log1p(x) とすれば、np.log(x+1) と同じ処理になり、x が0のときも変換できます。

スクリプト 5-27　対数変換

```
df_train["Fare_log"] = np.log(df_train["Fare"] + 1e-5)
df_train[["Fare", "Fare_log"]].head()
```

結果表示

	Fare	Fare_log
0	7.2500	1.981003
1	71.2833	4.266662
2	7.9250	2.070024
3	53.1000	3.972177
4	8.0500	2.085673

② 累乗、指数関数、逆数

特徴量として、元データ x の累乗（x^n）、指数関数（exp(x)）、逆数（1/x）を使う方法です。

計算パターンは多数あってキリがないので、基本的には仮説があるときに実施します。「やろうと思えばこういう方法もある」という程度に認識してもらえれば大丈夫です。

スクリプト 5-28　累乗／指数関数／逆数

```
df_train["Fare_square"] = df_train["Fare"].apply(lambda x: x**2)
df_train["Fare_exp"] = df_train["Fare"].apply(lambda x: np.exp(x))
df_train["Fare_reciprocal"] = df_train["Fare"].apply(lambda x: 1/(x+1e-3))
df_train[["Fare", "Fare_square", "Fare_exp", "Fare_reciprocal"]].head()
```

結果表示

	Fare	Fare_square	Fare_exp	Fare_reciprocal
0	7.2500	52.562500	1.408105e+03	0.137912
1	71.2833	5081.308859	9.077031e+30	0.014028
2	7.9250	62.805625	2.765564e+03	0.126167
3	53.1000	2819.610000	1.150898e+23	0.018832
4	8.0500	64.802500	3.133795e+03	0.124208

③ 離散化

ビンと呼ばれる区間を決めて、数値をビンに変換する方法です。例えば「年齢」を「年代」に変換したい場合、**表 5-3** のように年齢を 10 歳ごとのビンで離散化します。「12 歳」なら「10 代」、「46 歳」は「40 代」のように変換します。

表 5-3　年齢の離散化

年代カラム	ビン
10 代未満	0 歳以上 10 歳未満
10 代	10 歳以上 20 歳未満
20 代	20 歳以上 30 歳未満
30 代	30 歳以上 40 歳未満
40 代	40 歳以上 50 歳未満
50 代以上	50 歳以上

スクリプト 5-29 離散化

```
df_train["Age_bin"] = pd.cut(df_train["Age"],
                             bins=[0,10,20,30,40,50,100],
                             right=False,
                             labels=["10代未満","10代","20代","30代","40代","50代以上"],
                             duplicates="raise",
                             include_lowest=True)
df_train["Age_bin"] = df_train["Age_bin"].astype(str)
df_train[["Age", "Age_bin"]].head()
```

結果表示

	Age	Age_bin
0	22.0	20代
1	38.0	30代
2	26.0	20代
3	35.0	30代
4	35.0	30代

④ 欠損かどうかで 0/1 に変換

データに欠損がある場合に、欠損があるところを「1」とし、欠損以外を「0」に変換します。この方法は、欠損の存在それ自体が「目的変数に寄与する何らかの特徴である」と考えた場合に適用します。

スクリプト 5-30 欠損かどうかで 0/1 に変換

```
df_train["Age_na"] = df_train["Age"].isnull()*1
df_train[["Age", "Age_na"]].head(7)
```

結果表示

	Age	Age_na
0	22.0	0
1	38.0	0
2	26.0	0
3	35.0	0
4	35.0	0
5	NaN	1
6	54.0	0

5.3.2 単変数：カテゴリ変数

　機械学習モデルの入力データの形式は、ほとんどの場合数値データなので、カテゴリ変数は数値に変換しなければなりません（ただし LightGBM は例外で、category 型に変換するだけで利用できます。例：df["Embarked"] = df["Embarked"].astype("category")）。

　カテゴリ変数を数値データへ変換する方法には以下があります。

① One Hot Encoding
② Count Encoding
③ Label Encoding
④ 欠損かどうかで 0/1 に変換

① One Hot Encoding

　あるカラムの値がカテゴリ変数であり、カテゴリの種類が「A」「B」「C」の 3 つあるとします。この 1 つの変数を、「A かどうか」「B かどうか」「C かどうか」という 3 つの変数に分解して表現します。

　Titanic データの Embarked に適用すると、以下のようになります。この例では Embarked の欠損値を「nan」で埋めてから、処理をしています。「C」「Q」「S」「nan」の 4 種あるので、4 つの変数が作成されます。

スクリプト 5-31 one-hot-encoding

```
ohe_embarked = OneHotEncoder(sparse=False)
ohe_embarked.fit(df_train[["Embarked"]])

tmp_embarked = pd.DataFrame(
    ohe_embarked.transform(df_train[["Embarked"]]),
    columns=["Embarked_{}".format(i) for i in ohe_embarked.categories_[0]],
)

df_train = pd.concat([df_train, tmp_embarked], axis=1)
df_train[["Embarked", "Embarked_C", "Embarked_Q", "Embarked_S", "Embarked_nan"]].head()
```

結果表示

	Embarked	Embarked_C	Embarked_Q	Embarked_S	Embarked_nan
0	S	0.0	0.0	1.0	0.0
1	C	1.0	0.0	0.0	0.0
2	S	0.0	0.0	1.0	0.0
3	S	0.0	0.0	1.0	0.0
4	S	0.0	0.0	1.0	0.0

　また、pd.get_dummies を用いることで、データフレームにある複数のカテゴリ変数をまとめて One Hot Encoding することも可能です。例ではカラム名を指定していますが、カラム名を指定せずにデータフレームだけを指定すると、str 型のカラムに対してだけ変換してくれます。とても便利なのでぜひ使ってみてください。

スクリプト 5-32 one-hot-encoding（一括変換）

```
df_ohe = pd.get_dummies(df_train[["Embarked", "Sex"]], dummy_na=True, drop_first=False)
df_ohe.head()
```

結果表示

	Embarked_C	Embarked_Q	Embarked_S	Embarked_nan	Sex_female	Sex_male	Sex_nan
0	0	0	1	0	0	1	0
1	1	0	0	0	1	0	0
2	0	0	1	0	1	0	0
3	0	0	1	0	1	0	0
4	0	0	1	0	0	1	0

② Count Encoding

　同じく、あるカラムの値がカテゴリ変数であり、カテゴリの種類が「A」「B」「C」の3つだとします。このとき、学習データで「A」「B」「C」それぞれの出現回数をカウントし、その出現回数を変数とする方法が Count Encoding です。意味合いとしては、値の出やすさ・レア度を表現したものです。

　Kaggle ではよく登場して有効な変数なのですが、解釈が難しいため、実務ではこの変数が効いたとしても、納得いかない場合には「使わない」とする判断も重要です。

スクリプト 5-33 count-encoding

```
ce_Embarked = df_train["Embarked"].value_counts().to_dict()
print(ce_Embarked)
df_train["Embarked_ce"] = df_train["Embarked"].map(ce_Embarked)
df_train[["Embarked", "Embarked_ce"]].head()
```

結果表示

```
{'S': 644, 'C': 168, 'Q': 77}
   Embarked  Embarked_ce
0     S          644.0
1     C          168.0
2     S          644.0
3     S          644.0
4     S          644.0
```

③ Label Encoding

　同じく、あるカラムの値がカテゴリ変数であり、カテゴリの種類が「A」「B」「C」の3つだとします。このとき、「A」を「1」、「B」を「2」、「C」を「3」というように、それぞれの値を数値に置き換える方法がLabel Encodingです。カテゴリ変数だけれども、順番に意味がある変数の場合に有効です。例えば、「役職」というカラムに「係長」「課長」「部長」という値があったとき、「係長」を「1」、「課長」を「2」、「部長」を「3」に変換するイメージです。また、数値しか扱えないモデルの場合にもこの変換処理は有効です。

　TitanicのEmbarkedに適用した場合の例を以下に示します。以下のような方法で数値に変換できます。

スクリプト 5-34 label-encoder

```
le_embarked = LabelEncoder()
le_embarked.fit(df_train["Embarked"])
df_train["Embarked_le"] = le_embarked.transform(df_train["Embarked"])
df_train[["Embarked", "Embarked_le"]].head(5)
```

結果表示

	Embarked	Embarked_le
0	S	2
1	C	0
2	S	2
3	S	2
4	S	2

④ 欠損値かどうかで 0/1 に変換

　欠損している値を「1」とし、欠損以外を「0」に変換する方法です。これは前項「5.3.1 単変数：数値」の④で説明した処理と同じです。

スクリプト 5-35　欠損かどうかで 0/1 に変換

```
df_train["Embarked_na"] = df_train["Embarked"].isnull()*1
df_train.loc[df_train["Embarked"].isnull(), ["Embarked", "Embarked_na"]].head(5)
```

結果表示

	Embarked	Embarked_na
61	NaN	1
829	NaN	1

5.3.3 2変数組合せ：数値×数値

特徴量は2つの変数を組み合わせて作成することもできます。組合せには次の3パターンがあります。

- 数値×数値（5.3.3項）
- 数値×カテゴリ変数（5.3.4項）
- カテゴリ変数×カテゴリ変数（5.3.5項）

本項では「数値×数値」について説明します。変数同士を四則演算（＋−×÷）した数値を特徴量として使う方法です。四則演算に限らずもっと複雑な演算をしても構いませんし、3変数以上を使うこともできます。組合せはほぼ無限なので、目的変数への関係が強い変数を見つけるには、仮説やドメイン知識に基づいて作成する方法がおすすめです。

● Titanic の例

「同乗している親族の人数」という特徴量を作成するとします。「SibSp」（同乗している兄弟または配偶者の人数）と「Parch」（同乗している親または子供の人数）という変数があるので、これらを足し算した変数を新規に作成します。

スクリプト 5-36 数値 × 数値

```
df_train["SibSp_+_Parch"] = df_train["SibSp"] + df_train["Parch"]
df_train[["SibSp", "Parch", "SibSp_+_Parch"]].head()
```

結果表示

	SibSp	Parch	SibSp_+_Parch
0	1	0	1
1	1	0	1
2	0	0	0
3	1	0	1
4	0	0	0

5.3.4 2変数組合せ：数値×カテゴリ変数

　次に、数値とカテゴリ変数を利用した特徴量生成方法を説明します。この方法では、カテゴリ変数をキーにして、数値データを集約処理することで特徴量を作成します。

　処理手順のイメージを**図 5-2** に示します。まず表 1 のテーブルがあるとします。このカテゴリ変数をキーにして、数値を集約したテーブルが表 2 です。集約処理には「平均値」「標準偏差」「合計値」「最大値」「最小値」を計算する方法がありますが、ここでは「平均値」を計算しています。そしてこの集約テーブルを、カテゴリ変数をキーにして元テーブルへ結合します。表 3 の 3 列目が作成した特徴量となります。

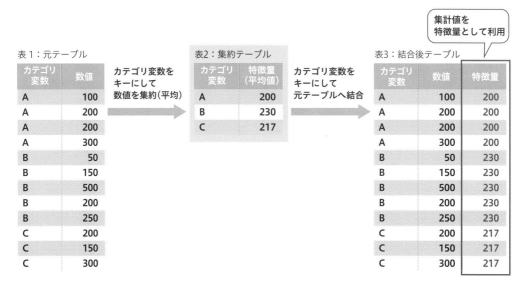

図 5-2　2変数組合せ：数値×カテゴリ変数

● Titanic の例

　カテゴリ変数として「Sex」（性別）、数値として「Fare」（旅客運賃）を利用し、「性別ごとの旅客運賃の平均値」を特徴量として作成します。処理としては、まずは「Sex」をキーにして「Fare」の平均値を計算し、集約テーブル（df_agg）を作成します。そしてこの集約テーブルを、「Sex」をキーにして元テーブルへ結合します。

スクリプト 5-37　数値×カテゴリ変数（例1）

```python
df_agg = df_train.groupby("Sex")["Fare"].agg(["mean"]).reset_index()
df_agg.columns = ["Sex", "mean_Fare_by_Sex"]
print("集約テーブル")
display(df_agg)


df_train = pd.merge(df_train, df_agg, on="Sex", how="left")
print("結合後テーブル")
display(df_train[["Sex", "Fare", "mean_Fare_by_Sex"]].head())
```

結果表示

集約テーブル

	Sex	mean_Fare_by_Sex
0	female	44.479818
1	male	25.523893

結合後テーブル

	Sex	Fare	mean_Fare_by_Sex
0	male	7.2500	25.523893
1	female	71.2833	44.479818
2	female	7.9250	44.479818
3	female	53.1000	44.479818
4	male	8.0500	25.523893

また、同じ処理ですが、もう1つ例を載せます。こちらは集約テーブルを作成せずに、特徴量を元テーブルに直接追加する方法です。シンプルなスクリプトなので記述が簡単です。結果は同じなので好きな方を使ってください。

スクリプト 5-38　数値×カテゴリ変数（例2）

```python
df_train["mean_Fare_by_Sex"] = df_train.groupby("Sex")["Fare"].transform("mean")
df_train[["Sex", "Fare", "mean_Fare_by_Sex"]].head()
```

結果表示

	Sex	Fare	mean_Fare_by_Sex
0	male	7.2500	25.523893
1	female	71.2833	44.479818
2	female	7.9250	44.479818
3	female	53.1000	44.479818
4	male	8.0500	25.523893

第5章

5.3.5 2変数組合せ：カテゴリ変数×カテゴリ変数

　2変数組合せの3つめの方法を説明します。こちらは、カテゴリ変数同士を組み合わせた特徴量生成方法で、以下のような3つの方法を紹介していきます。

1　**カテゴリ変数×カテゴリ変数**：出現回数
2　**カテゴリ変数×カテゴリ変数**：出現割合
3　**カテゴリ変数×カテゴリ変数**：条件式を用いた変換

①カテゴリ変数×カテゴリ変数：出現回数

　まずはカテゴリ変数1とカテゴリ変数2の組合せごとに出現回数を計算して、それを特徴量とする方法です。よく出現するパターンかどうかを表現したもので、単変数（5.3.2項）のところで説明した②「Count Encoding」の2変数バージョンです。

　処理手順は**図5-3**のとおりです。図中の表1は元となるテーブルで、カテゴリ変数1には「A」「B」「C」、カテゴリ変数2には「a」「b」という値があるとします。この2変数でクロス集計を行い、出現頻度をカウントしたものが表2-1になります。次に、これを表2-2のように縦持ちの形式に変換します。最後に、カテゴリ変数1と2をキーにして元テーブルへ結合すれば、表3の3列目のように特徴量を作成できます。

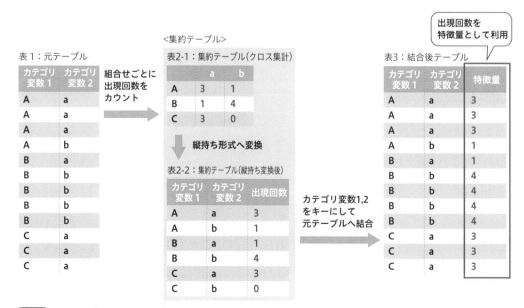

図 5-3　①カテゴリ変数×カテゴリ変数：出現回数

● Titanic の例

以下はこの処理を順番に実行したものです。pd.crosstab を使うことでクロス集計を行い、さらに pd.melt を用いることで横持ちから縦持ちの形式に変換します。このテーブルを、2つのカテゴリ変数をキーにして結合することで、新しい特徴量が付与できます。

スクリプト 5-39 ①カテゴリ変数×カテゴリ変数：出現回数（例1）

```python
df_tbl = pd.crosstab(df_train["Sex"], df_train["Embarked"])
print("集約テーブル（クロス集計）")
display(df_tbl)

df_tbl = df_tbl.reset_index()
df_tbl = pd.melt(df_tbl, id_vars="Sex", value_name="count_Sex_x_Embarked")
print("集約テーブル（縦持ち変換後）")
display(df_tbl)

df_train = pd.merge(df_train, df_tbl, on=["Sex", "Embarked"], how="left")
print("結合後テーブル")
df_train[["Sex", "Embarked", "count_Sex_x_Embarked"]].head()
```

結果表示

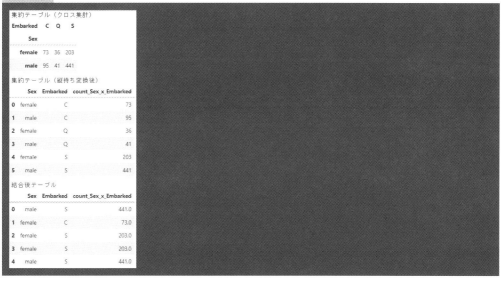

　また、スクリプト 5-40 のように記載することで、同じ処理を 1 行でシンプルに実行できます。結果は同じなので好きな方を使ってください。

スクリプト 5-40　①カテゴリ変数×カテゴリ変数：出現回数（例 2）

```
df_train["count_Sex_x_Embarked"] = df_train.groupby(["Sex", "Embarked"])["PassengerId"
].transform("count")
df_train[["Sex", "Embarked", "count_Sex_x_Embarked"]].head()
```

結果表示

	Sex	Embarked	count_Sex_x_Embarked
0	male	S	441.0
1	female	C	73.0
2	female	S	203.0
3	female	S	203.0
4	male	S	441.0

②カテゴリ変数×カテゴリ変数：出現割合

　2 番目の方法は、一方の変数を母集団と見なしたときの、もう片方の変数の出現割合を計算するものです。

　図 5-4 を使って手順を説明します。まずはクロス集計して表 2-1 を作成します。その際、クロス集計表の行方向の和を計算しておきます。次に、表 2-2 のように、その和で各行の値を割ります。例えば A の行であれば、「3」「1」の和は「4」なので、4 で割ると「3/4=0.75」「1/4=0.25」、つまり「0.75」「0.25」となります。そして、縦持ちの表に変換して表 2-3 を作ります。表 2-3 のテーブルを、カテゴリ変数 1 と 2 をキーにして元テーブルに結合します。表 3 の 3 列目が作成した特徴量になります。

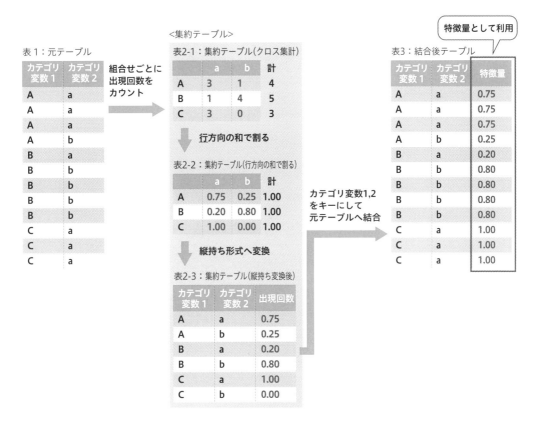

図 5-4 ②カテゴリ変数×カテゴリ変数：出現割合

● Titanic の例

　スクリプトは①とほとんど同じです。違うところは、pd.crosstab の引数として「normalize
="index"」を指定することです。こうすることで、行方向で和が 1 になるように変換してくれ
ます。

スクリプト 5-41　②カテゴリ変数×カテゴリ変数：出現割合

```
df_tbl = pd.crosstab(df_train["Sex"], df_train["Embarked"], normalize="index")
print("集約テーブル（行方向の和で割る）")
display(df_tbl)

df_tbl = df_tbl.reset_index()
df_tbl = pd.melt(df_tbl, id_vars="Sex", value_name="rate_Sex_x_Embarked")
print("集約テーブル（縦持ち変換後）")
```

```
display(df_tbl)

df_train = pd.merge(df_train, df_tbl, on=["Sex", "Embarked"], how="left")
print("結合後テーブル")
df_train[["Sex", "Embarked", "rate_Sex_x_Embarked"]].head()
```

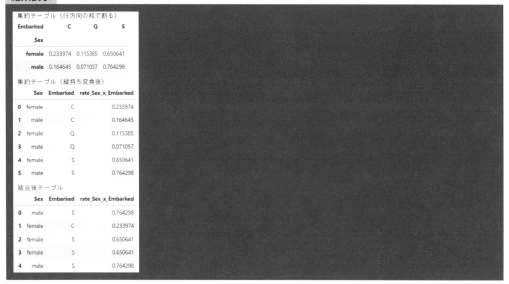

③カテゴリ変数×カテゴリ変数：条件式を用いた変換

　3 番目の方法は、特定の条件式を設定し、それに従って変換することで特徴量を作成する方法です。

　図 5-5 はその手順を示しています。図中の表 1 は①②の元テーブルと同じです。例えば、カテゴリ変数 1 が「B」、かつカテゴリ変数 2 が「b」のときに「1」とし、それ以外は「0」とする条件式を設定したとします。そうすると表 2 のように、この条件に合致するところが「1」、それ以外は「0」になった特徴量が作られます。また別の例として、カテゴリ変数 1 が「B」であるか、あるいはカテゴリ変数 2 が「b」のときに「1」とし、それ以外は「0」とする条件式を設定したとします。「かつ」を「あるいは」に変えただけです。この場合は表 3 のようになります。

　なお、この条件式はかなり自由度があるため、仮説に基づいて作成することをお勧めします。何の仮説も思い付かないときはこの方法は使わなくていいと思います。

表1：元テーブル

カテゴリ変数1	カテゴリ変数2
A	a
A	a
A	a
A	b
B	a
B	b
B	b
B	b
B	b
C	a
C	a
C	a

カテゴリ変数1が「B」
AND
カテゴリ変数2が「b」

表2：特徴量1の追加

カテゴリ変数1	カテゴリ変数2	特徴量1
A	a	0
A	a	0
A	a	0
A	b	0
B	a	0
B	b	1
B	b	1
B	b	1
B	b	1
C	a	0
C	a	0
C	a	0

表3：特徴量2の追加

カテゴリ変数1	カテゴリ変数2	特徴量2
A	a	0
A	a	0
A	a	0
A	b	1
B	a	1
B	b	1
B	b	1
B	b	1
B	b	1
C	a	0
C	a	0
C	a	0

カテゴリ変数1が「B」OR カテゴリ変数2が「b」

図 5-5 ③カテゴリ変数×カテゴリ変数：条件式を用いた変換

● Titanic の例

性別（Sex）が男性（male）、かつ乗船港（Embarked）がサウサンプトン港（S）のときに「1」、それ以外は「0」という変数を作成したい場合は、以下のように書けば新規変数を作成できます。

スクリプト 5-42 ③カテゴリ変数×カテゴリ変数：条件式を用いた変換

```
df_train["Sex=male_&_Embarked=S"] = np.where((df_train["Sex"]=="male") & (df_train
["Embarked"]=="S"), 1, 0)
df_train[["Sex", "Embarked", "Sex=male_&_Embarked=S"]].head()
```

結果表示

	Sex	Embarked	Sex=male_&_Embarked=S
0	male	S	1
1	female	C	0
2	female	S	0
3	female	S	0
4	male	S	1

第5章

5.3.6 時系列データ

　時系列データとは、日時などの時間情報が付与されているテーブルであり、1レコードがその時間情報と紐付いています。

　時間情報の単位はデータによって異なり、日単位や分単位があります。また、レコード間の時間の間隔もデータによって異なり、等間隔の場合もあれば、飛び飛びの場合もあります。例えば、クレジットカードの利用履歴で、利用日ごとに利用店舗と利用金額が記録されているとします。このとき、時間の単位は「日」で、レコード間の時間の間隔は飛び飛びになります。

　また、時間情報がなくても、順序に意味を持つデータ項目があれば、時系列データとして扱えます。例えば、ある店舗の来店履歴データとして「累積来店回数」が記録されているとします。「累積来店回数」の「1」「2」という数値は来店の順序と同じ意味を持つので時系列データとして扱えます。

　さらに、データ項目には順序を意味するものがなくても、時系列データとして扱える場合もあります。例えば、購入するたびにレコードが下に追加されるようなケースでは、レコードの並びそのものに順序性があるので、時系列データです。このように「一目見ただけでは気付かなかったけれども実は時系列データだった」という場合もあるので注意してください。

　時系列データでは、そのレコード間の順序性を活かして、以下のような特徴量を作成することができます。

① ラグ特徴量
② ウィンドウ特徴量
③ 累積特徴量

　これらについて、それぞれ説明します。

① ラグ特徴量

　ある変数について、1個前の時間にシフトさせたものを「ラグ特徴量」と言います。シフトは1個前だけではなく、2個前や3個前なども可能です。また、前だけでなく、後ろへのシフトも可能です。また、数値データであれば、シフトさせた後に、シフト前のデータとの差分を計算することもできます。

● スクリプト例

　いくつかのスクリプト例を示します。なお、Titanic は時系列データではないので、サンプルデータを作成して例示します。

例1：1行シフト

　日単位の天気データを使って説明します。処理はシンプルで、「天気」の項目を1日シフトすることで「前日の天気」という特徴量を作成します。

　シフト時の注意点は、欠損値が生じることです。1日シフトの場合は1行目が欠損します。2日シフトの場合は、1行目と2行目に欠損が生じます。欠損のままにするか補間するかは、その都度判断してください。

　もう1つの注意点は、上から時系列で並んでいる前提でシフト処理が行われるため、事前に時系列順にソートする必要があることです。時系列順に並んでいない場合は、「df = df.sort_values("date")」のようにして並び替えてください。

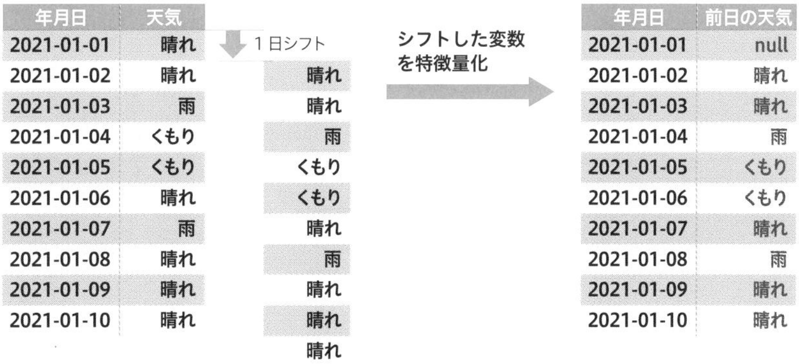

図 5-6　ラグ特徴量（1行シフト）

スクリプト 5-43　ラグ特徴量（1行シフト）

```
df1 = pd.DataFrame({"date":pd.date_range("2021-01-01","2021-01-10"),
                    "weather":["晴れ","晴れ","雨","くもり","くもり","晴れ","雨","晴れ",
"晴れ","晴れ"],
                    })
df1["weathre_shift1"] = df1["weather"].shift(1)
df1
```

結果表示

	date	weather	weathre_shift1
0	2021-01-01	晴れ	NaN
1	2021-01-02	晴れ	晴れ
2	2021-01-03	雨	晴れ
3	2021-01-04	くもり	雨
4	2021-01-05	くもり	くもり
5	2021-01-06	晴れ	くもり
6	2021-01-07	雨	晴れ
7	2021-01-08	晴れ	雨
8	2021-01-09	晴れ	晴れ
9	2021-01-10	晴れ	晴れ

　シフトによって生じた欠損値を補間したい場合は、以下のように「interpolate」を使うことで補間できます。1 行目に生じた欠損を次行の値で埋めたい場合は、interpolate の引数に「method="bfill"」を指定してください。また、後ろにシフトした場合、欠損は最終行に生じます。この欠損を埋めたい場合は、引数に「method="ffill"」を指定すると、最終行の 1 行前の値で欠損を埋めてくれます。

スクリプト 5-44　ラグ特徴量（1 行シフト）：シフトによって生じた欠損値を補間

```
# 欠損値を前埋めしたい場合
df1["weathre_shift1"] = df1["weathre_shift1"].interpolate(method="bfill")
df1
```

結果表示

	date	weather	weathre_shift1
0	2021-01-01	晴れ	晴れ
1	2021-01-02	晴れ	晴れ
2	2021-01-03	雨	晴れ
3	2021-01-04	くもり	雨
4	2021-01-05	くもり	くもり
5	2021-01-06	晴れ	くもり
6	2021-01-07	雨	晴れ
7	2021-01-08	晴れ	雨
8	2021-01-09	晴れ	晴れ
9	2021-01-10	晴れ	晴れ

例2：IDごとに1行シフト

　会員IDごとの購入年月日と購入金額からなるテーブルを想定します。会員IDごとに1行シフトすることで、「前回購入金額」という特徴量を作成します。この例では会員IDごとにシフトするため、会員IDごとに先頭1行目が欠損します。

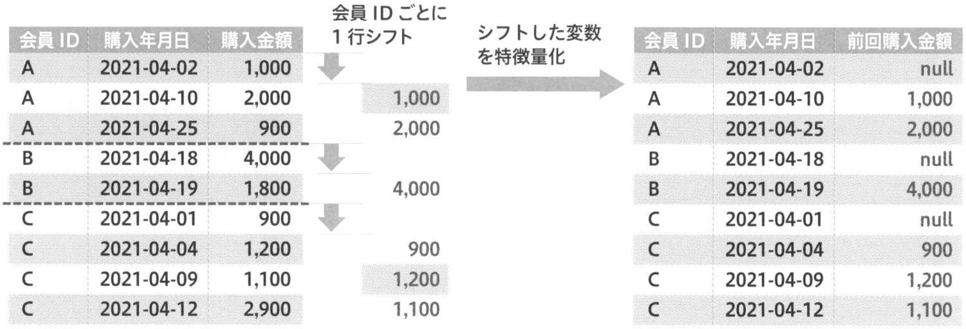

図5-7 ラグ特徴量（IDごとにシフト）

スクリプト5-45 ラグ特徴量（IDごとにシフト）

```python
df2 = pd.DataFrame({"id":["A"]*3 + ["B"]*2 + ["C"]*4,
                    "date":["2021-04-02","2021-04-10","2021-04-25",
                            "2021-04-18","2021-04-19",
                            "2021-04-01","2021-04-04","2021-04-09","2021-04-12",
                            ],
                    "money":[1000,2000,900,4000,1800,900,1200,1100,2900],
                    })
df2["date"] = pd.to_datetime(df2["date"], format="%Y-%m-%d")
df2["money_shift1"] = df2.groupby("id")["money"].shift(1)
df2
```

結果表示

	id	date	money	money_shift1
0	A	2021-04-02	1000	NaN
1	A	2021-04-10	2000	1000.0
2	A	2021-04-25	900	2000.0
3	B	2021-04-18	4000	NaN
4	B	2021-04-19	1800	4000.0
5	C	2021-04-01	900	NaN
6	C	2021-04-04	1200	900.0
7	C	2021-04-09	1100	1200.0
8	C	2021-04-12	2900	1100.0

　また、このラグ特徴量を使えば、「前回購入からの経過日数」という特徴量を作成することもできます。具体的には、時間情報である「date」を 1 行シフトし、元の date との日数差分を計算することで、経過日数を計算できます。

スクリプト 5-46　ラグ特徴量（経過日数）

```
df2["date_shift1"] = df2.groupby("id")["date"].shift(1)
df2["days_elapsed"] = df2["date"] - df2["date_shift1"]
df2["days_elapsed"] = df2["days_elapsed"].dt.days
df2
```

結果表示

	id	date	money	money_shift1	date_shift1	days_elapsed
0	A	2021-04-02	1000	NaN	NaT	NaN
1	A	2021-04-10	2000	1000.0	2021-04-02	8.0
2	A	2021-04-25	900	2000.0	2021-04-10	15.0
3	B	2021-04-18	4000	NaN	NaT	NaN
4	B	2021-04-19	1800	4000.0	2021-04-18	1.0
5	C	2021-04-01	900	NaN	NaT	NaN
6	C	2021-04-04	1200	900.0	2021-04-01	3.0
7	C	2021-04-09	1100	1200.0	2021-04-04	5.0
8	C	2021-04-12	2900	1100.0	2021-04-09	3.0

② ウィンドウ特徴量

「ウィンドウ特徴量」というと分かりにくいですが、いわゆる「移動平均」のことです。ただ、処理内容は平均だけでなく、「標準偏差」「最大値」「最小値」などの場合もありますので、本書ではこれらをまとめて「ウィンドウ特徴量」と呼んでいます。

ウィンドウは「自身の行の値を含めて何個分のデータを使うか」を示しており、ウィンドウ幅を「3」とすると、3個分（自身の行、1つ前の行、2つ前の行）のデータが処理対象となります。つまり、ウィンドウ3の場合、3個分のデータを使って求めた平均値が特徴量となるわけです。

スクリプト例を使って、具体的な方法を説明していきます。

例1：ウィンドウ幅3日のウィンドウ特徴量

日単位の気温データを例にして説明します。

ウィンドウ幅を3日分とし、その平均値を特徴量とします。つまり、3日間の移動平均です。

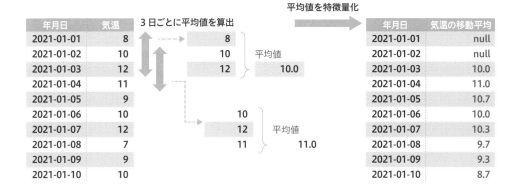

図5-8　ウィンドウ特徴量

スクリプト5-47　ウィンドウ特徴量

```
df3 = pd.DataFrame({"date":pd.date_range("2021-01-01","2021-01-10"),
                    "temperature":[8,10,12,11,9,10,12,7,9,10],
                   })
df3["temperature_window3"] = df3["temperature"].rolling(window=3).mean()
df3
```

結果表示

	date	temperature	temperature_window3
0	2021-01-01	8	NaN
1	2021-01-02	10	NaN
2	2021-01-03	12	10.000000
3	2021-01-04	11	11.000000
4	2021-01-05	9	10.666667
5	2021-01-06	10	10.000000
6	2021-01-07	12	10.333333
7	2021-01-08	7	9.666667
8	2021-01-09	9	9.333333
9	2021-01-10	10	8.666667

例 2：ID ごとのウィンドウ特徴量

　ラグ特徴量の例 2 と同じテーブルを利用して説明します。ここでは会員 ID ごとにウィンドウ幅を「2」にして、直近 2 回の購入金額の平均値を特徴量とします。

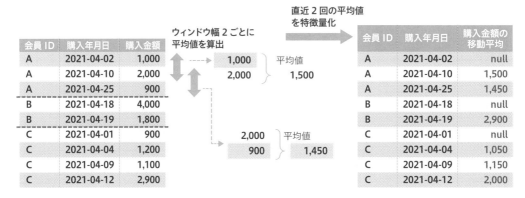

図 5-9　ウィンドウ特徴量（ID ごと）

スクリプト 5-48　ウィンドウ特徴量（ID ごと）

```
df4 = pd.DataFrame({"id":["A"]*3 + ["B"]*2 + ["C"]*4,
                    "date":["2021-04-02","2021-04-10","2021-04-25",
                        "2021-04-18","2021-04-19",
                        "2021-04-01","2021-04-04","2021-04-09","2021-04-12",
                        ],
                    "money":[1000,2000,900,4000,1800,900,1200,1100,2900],
```

```
                        })
df4["date"] = pd.to_datetime(df4["date"], format="%Y-%m-%d")
df4["money_shift1"] = df4.groupby("id")["money"].apply(lambda x: x.rolling(window=2).
mean())
df4
```

結果表示

	id	date	money	money_shift1
0	A	2021-04-02	1000	NaN
1	A	2021-04-10	2000	1500.0
2	A	2021-04-25	900	1450.0
3	B	2021-04-18	4000	NaN
4	B	2021-04-19	1800	2900.0
5	C	2021-04-01	900	NaN
6	C	2021-04-04	1200	1050.0
7	C	2021-04-09	1100	1150.0
8	C	2021-04-12	2900	2000.0

③ 累積特徴量

累積特徴量とは、過去の数値を合算した数値を特徴量としたものです。

例1：累積特徴量

雨が降った日にフラグ「1」を付与した日単位のテーブルを作り、それを例にして説明します。「過去に雨が降った日数」を特徴量としたい場合には、雨が降ったフラグの数値を累積します。累積値は「cumsum」を利用することで計算できます。

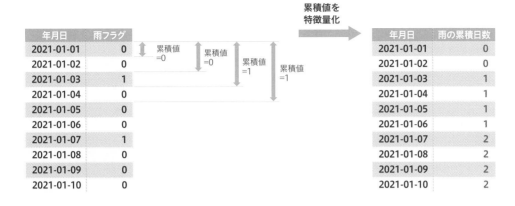

図 5-10 累積特徴量

スクリプト 5-49 累積特徴量

```
df5 = pd.DataFrame({"date":pd.date_range("2021-01-01","2021-01-10"),
                    "flag_rain":[0,0,1,0,0,0,1,0,0,0],
                    })
df5["flag_rain_cumsum"] = df5["flag_rain"].cumsum()
df5
```

結果表示

	date	flag_rain	flag_rain_cumsum
0	2021-01-01	0	0
1	2021-01-02	0	0
2	2021-01-03	1	1
3	2021-01-04	0	1
4	2021-01-05	0	1
5	2021-01-06	0	1
6	2021-01-07	1	2
7	2021-01-08	0	2
8	2021-01-09	0	2
9	2021-01-10	0	2

例 2：ID ごとに累積特徴量

　ラグ特徴量の例 2 と同じテーブルを利用して説明します。会員 ID ごとに、購入金額の累積値を特徴量にしたい場合は、下記のようなスクリプトによって作成できます。

会員 ID ごとに
累積値を計算

会員 ID	購入年月日	購入金額
A	2021-04-02	1,000
A	2021-04-10	2,000
A	2021-04-25	900
B	2021-04-18	4,000
B	2021-04-19	1,800
C	2021-04-01	900
C	2021-04-04	1,200
C	2021-04-09	1,100
C	2021-04-12	2,900

累積値を
特徴量化

会員 ID	購入年月日	購入金額の累積値
A	2021-04-02	1,000
A	2021-04-10	3,000
A	2021-04-25	3,900
B	2021-04-18	4,000
B	2021-04-19	5,800
C	2021-04-01	900
C	2021-04-04	2,100
C	2021-04-09	3,200
C	2021-04-12	6,100

図 5-11　累積特徴量（ID ごと）

スクリプト 5-50　累積特徴量（ID ごと）

```
df6 = pd.DataFrame({"id":["A"]*3 + ["B"]*2 + ["C"]*4,
                    "date":["2021-04-02","2021-04-10","2021-04-25",
                            "2021-04-18","2021-04-19",
                            "2021-04-01","2021-04-04","2021-04-09","2021-04-12",
                           ],
                    "money":[1000,2000,900,4000,1800,900,1200,1100,2900],
                   })
df6["date"] = pd.to_datetime(df6["date"], format="%Y-%m-%d")
df6["money_cumsum"] = df6.groupby("id")["money"].cumsum()
df6
```

結果表示

	id	date	money	money_cumsum
0	A	2021-04-02	1000	1000
1	A	2021-04-10	2000	3000
2	A	2021-04-25	900	3900
3	B	2021-04-18	4000	4000
4	B	2021-04-19	1800	5800
5	C	2021-04-01	900	900
6	C	2021-04-04	1200	2100
7	C	2021-04-09	1100	3200
8	C	2021-04-12	2900	6100

第5章

◗ 5.3.7 テキストデータ

　ここでのテキストデータとは、英語や日本語などの自然言語で記述され、複数の単語を組み合わせた文（文章）を想定しています。

　テキストデータには同じデータはほぼ出現しないので、カテゴリ変数として扱うと特徴量として有効に機能しません。特徴量として扱うためには、文章を単語に分解して、さらに数値ベクトルに置き換えるという処理が必要です。

　このテキストデータのベクトル化には色々なやり方があります。

① 単語の出現回数（BoW：Bag of Words）
② TF-IDF
③ word2vec
④ BERT

　本書では基本的な方法である「① 単語の出現回数」のみを説明します。

① 単語の出現回数（BoW）

　BoW は、テキストを単語に分解して、同じ単語の出現回数を特徴量とする方法です。

　カラムは単語ごとに用意し、レコードごとに、テキストデータ内にその単語が出てくる回数を設定します。例えば、テキストデータ内に today という単語が 2 回出てくる場合は、「today」というカラムに「2」という値を入れます。

図 5-12 テキストデータ（BoW）

　Titanic には「Name」というテキストデータがあるので、これをスクリプトの例に利用します。単語の出現回数については、scikit-learn の関数を使うことで簡単に計算できます。

スクリプト 5-51 BoW によるベクトル化

```
from sklearn.feature_extraction.text import CountVectorizer, TfidfVectorizer
# vec = CountVectorizer() # 全単語を特徴量にする場合
vec = CountVectorizer(min_df=20) # 10個しか出現しないレアなワードを除外

vec.fit(df_train["Name"])

df_name = pd.DataFrame(vec.transform(df_train["Name"]).toarray(), columns=vec.get_
feature_names())
print(df_name.shape)
df_name.head()
```

結果表示

	charles	george	henry	james	john	mary	master	miss	mr	mrs	thomas	william
0	0	0	0	0	0	0	0	0	1	0	0	0
1	0	0	0	0	1	0	0	0	0	1	0	0
2	0	0	0	0	0	0	0	1	0	0	0	0
3	0	0	0	0	0	0	0	0	0	1	0	0
4	0	0	1	0	0	0	0	0	1	0	0	1

　なお、英語であれば単語と単語の間がスペースで分かれているので簡単に分解できますが、日本語の場合スペースで分かれていないため、ひと手間が必要となります。まずは、単語に分解し、分解した単語の間に空白を入れた形式に変換します。単語に分解することを「形態素解析」、英語と同じように単語間を空白で結合することを「分かち書き」と言います。これらの処理は「MeCab」や「ChaSen」といったツールを使うことで実行できます。

　以下に日本語の場合のスクリプト例を記載します。まずは MeCab を Kaggle 分析環境へインストールしインポートします。準備が整ったら、サンプルデータに対して形態素解析と分かち書きを行い、それをベクトル化します。

スクリプト 5-52 MeCab の Kaggle 分析環境へのインストールとインポート

```
!apt-get install -y mecab libmecab-dev mecab-ipadic-utf8
!pip install mecab-python3
os.environ['MECABRC']= "/etc/mecabrc"
```

```
import MeCab
```

結果表示

（省略）

スクリプト 5-53　BoW によるベクトル化（日本語の場合）

```
print("サンプルデータ:")
df_text = pd.DataFrame({"text": [
    "今日は雨ですね。天気予報では明日も雨です。",
    "雨なので傘を持って行った方がいいです。",
    "天気予報によると明後日は晴れのようです。",
]})
display(df_text)

print("形態素解析+分かち書き:")
wakati = MeCab.Tagger("-Owakati")
df_text["text_wakati"] = df_text["text"].apply(lambda x: wakati.parse(x).replace("\n",
""))
display(df_text)

print("BoWによるベクトル化:")
vec = CountVectorizer()
vec.fit(df_text["text_wakati"])
df_text_vec = pd.DataFrame(vec.transform(df_text["text_wakati"]).toarray(), columns=
vec.get_feature_names())
df_text_vec.head()
```

結果表示

サンプルデータ：

	text
0	今日は雨ですね。天気予報では明日も雨です。
1	雨なので傘を持って行った方がいいです。
2	天気予報によると明後日は晴れのようです。

形態素解析+分かち書き：

	text	text_wakati
0	今日は雨ですね。天気予報では明日も雨です。	今日 は 雨 です ね 。 天気 予報 では 明日 も 雨 です 。
1	雨なので傘を持って行った方がいいです。	雨 なので 傘 を 持っ て 行っ た 方 が いい です 。
2	天気予報によると明後日は晴れのようです。	天気 予報 による と 明後日 は 晴れ の よう です 。

BoWによるベクトル化：

	いい	です	ので	よう	よる	予報	今日	天気	持っ	明後日	明日	晴れ	行っ
0	0	2	0	0	0	1	1	1	0	0	1	0	0
1	1	1	1	0	0	0	0	0	1	0	0	0	1
2	0	1	0	1	1	1	0	1	0	1	0	1	0

第5章

データセット作成

5.4.1 特徴量選択の方法

　特徴量を追加すればするほどモデルの精度が上がるとは限らないため、有効な特徴量を選択する必要があります。特徴量選択の方法はいくつかあり、一般的には以下の 3 つに分類されます。

- フィルター法（filter method）
- ラッパー法（wrapper method）
- 組み込み方法（embedded mehod）

　「フィルター法」は、データセットのみを見て判断する方法です。目的変数と特徴量 1 つずつの関係を評価して、有効性の有無を判定します。例えば、目的変数と特徴量との相関係数を計算して、相関係数が閾値以上のときにその特徴量を採用します。閾値の設定に明確なルールはなく、特徴量全体の相関係数の分布を見て、下位のものを削除するなどして閾値を設定します。

　「ラッパー法」は、特徴量をモデルに適用してみて、モデルの精度の良し悪しから特徴量の有効性を判断する方法です。例えば、ロジスティック回帰にとって有用な特徴量であっても、ランダムフォレストでは有用でないものもあります。また、1 つの特徴量だけでは良し悪しが判断できず、他の特徴量も絡めたときに効果を発揮する特徴量もあります。このため、ラッパー法のようにモデルの精度で判断する方法はかなり有効です。

　「組み込み法」は、モデルの学習時に、同時に特徴量の選択を行う方法です。有名なのが「Lasso回帰」です。このモデルには、複雑なモデルにならないように抑制する機構があり、モデルの精度と複雑度のバランスを調整して、あまり有用でない特徴量の係数を 0 にします。係数が 0 ということは、その特徴量を使わないのと同じです。

　これらのうちお勧めなのは「ラッパー法」です。モデルによって特徴量の捉え方が異なるので、作成した特徴量を適用したときのモデルの精度で判断する方法がよいと思います。

5.4.2 ラッパー法の進め方

5.1 節に示した方法が、実はラッパー法です。特徴量を作成するたびにモデルの精度を確認して、採用するかどうかを決めていきます。若干繰り返しになりますが進め方を説明します。進め方としては、以下のようなプロセスを小さなサイクルで繰り返していきます。

① 特徴量を追加作成

② 追加した特徴量を加えたデータセットを作成

③ モデル学習して精度評価

④ 精度が上がれば採用。下がれば不採用

「小さなサイクル」と言ったのは、「1 度に追加する特徴量を少なくする」という意味です。ついつい大量の特徴量を作成して、一気にデータセットを更新し、モデルの学習・評価をしがちですが、そうしてしまうと、どの特徴量が効いているのかが分かりにくくなります。

仮に 100 個まとめて追加した場合、実は 70 個は有効だったのに、30 個の特徴量が良くないせいで、モデルの精度が下がってしまうこともあります。精度が下がっているので、「入れた特徴量がすべてよくなかった」という誤った判断をしてしまう可能性があります。

こうしたことから、少しずつ特徴量を作成してはモデルに適用して、その都度、精度の良し悪しで判断していくわけです。このサイクルを繰り返すことが、結果的には効率的です。

ただ注意点としては、これから新たに作成する特徴量と組み合わさることで効果を発揮する可能性もあるので、不採用となった特徴量であっても、あとで復活できるように、それらを作成するスクリプトは残しておいた方が賢明です。

また、LightGBM のような勾配ブースティングのモデルでは、目的変数に関係のない特徴量は使われないだけなので、他のモデルに比べると特徴量選択にあまり神経を使う必要はありません。ただ、悪影響を及ぼす特徴量が混入してしまう可能性があるので、丁寧にやるには上記の方法で選別して進めることをお勧めします。

第5章

Column

コラム⑤：コンペの取り組みで気を付けていること

　コンペ終了後の上位陣の解法を見たときに、「このアイデアは思い付いたけど試さなかったな」と気づくケースがたまにあります。そういうことがないように、筆者は「思い付いたアイデアはすべて試そう」という気持ちでコンペに臨んでいます。

　しかし実際には、時間の都合もありますし、自身のスキルの問題もあるので、試せるアイデアの数は限られます。このため、「思い付いたアイデアからどれを選んで実行するか」の選択が必要です。言い換えると、思い付いたアイデアのリストを作成し、そのリストに優先度を付けていくということです。

　こう書くと当たり前のことのように感じますが、分析では特に重要だと思っています。分析をやっている人なら分かると思いますが、データ分析をしていると、瞬く間に時間が過ぎ去ります。コンペに没頭していると、時間があっという間に溶けます。取捨選択は非常に重要です。

　これは実務でも同じです。仕事では複数のタスクが並行して走り、業務時間の制約も決まっています。このため、コンペでタスク化と優先付けを繰り返し経験していくと、自分に合った分析業務の効率的な進め方が分かってきます。筆者も自分ではまだまだだと思っていますが、それでも過去の自分と比べると、この判断能力は研ぎ澄まされつつある感じがしています。これはコンペで磨かれるスキルの1つでしょう。

第 **6** 章

モデルチューニング

　第 6 章では、第 4 章で説明した①ベースライン作成、②特徴量エンジニアリング、③モデルチューニングの中の、最後の③について詳しく説明します。

　モデルのチューニング方法として、以下について説明します。

- LightGBM のハイパーパラメータのチューニング（6.1 節）
- scikit-learn のモデル利用（6.2.1 項）
- ニューラルネットワークの利用（6.2.2 項）
- アンサンブル（6.3 節）

表6-1　分析プロセスの構成

#	分析プロセス	タスク	①ベースライン作成	②特徴量エンジニアリング	③モデルチューニング
1	分析設計	（省略）	○		
2	データ前処理	（省略）	○	○	
3	特徴量生成	（省略）		○	
4	データセット作成	（省略）	○	○	
5	バリデーション設計	（省略）	○		
6-1	モデル学習	勾配ブースティング（LightGBM）	○		
6-2		LightGBM のハイパーパラメータのチューニング			○
6-3		scikit-learn のモデル			○
6-4		ニューラルネットワーク			○
6-5		アンサンブル			○
7	モデル推論	（省略）	○		

　サンプルスクリプトでは、第 4 章・第 5 章に引き続き「Titanic」のデータセットを利用します。

LightGBM のハイパーパラメータの チューニング

　機械学習では、データセットを入力すると、コンピュータが自動で学習してモデルを作成します。このモデルの実態はアルゴリズムであり、複雑な計算式の巨大な塊のようなものと思ってください。学習の結果得た全体を「モデル」と呼び、学習した値のことを「パラメータ」と呼びます。例えば LightGBM では、各決定木の分岐条件がパラメータです。ニューラルネットワークでは、ノード間の重みがパラメータです。

　このパラメータとは別に、「ハイパーパラメータ」と呼ばれるものがあります。ハイパーパラメータとは、学習における前提条件みたいなもので、学習前に設定する必要があります。

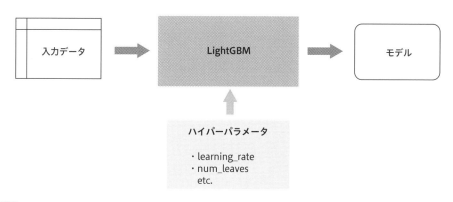

図 6-1 ハイパーパラメータの位置付け

　本節では、ベースラインで用いている LightGBM を対象にして、ハイパーパラメータのチューニング方法を説明していきます。LightGBM には**表 6-2** のようなハイパーパラメータがあります。 一部抜粋なのですべてを確認したい場合は公式ページを参照してください。

● LightGBM 公式ページ：

https://lightgbm.readthedocs.io/en/latest/Parameters.html

表6-2 LightGBM のハイパーパラメータ（一部抜粋）

learning_rate	num_leaves	max_depth
min_data_in_leaf	min_sum_hessian_in_leaf	bagging_fraction
bagging_freq	feature_fraction	lambda_l1
lambda_l2	cat_l2	cat_smooth

　ハイパーパラメータの設定によっては、モデルの精度が低下することがあります。そのためハイパーパラメータの適切なチューニングは、機械学習において重要です。このチューニング方法には、大きく分けて「手動チューニング」と「自動チューニング」があります。

● 手動チューニング

　分析者の経験値や勘を頼りにして、ハイパーパラメータを手動で調整する方法です。ハイパーパラメータの値を変え、学習結果から次にどう変えるかを判断していきます。手動なので試行回数は少なくなってしまいますが、慣れれば意外と効率的です。

● 自動チューニング

　optuna や scikit-optimize などのライブラリを用いて、自動的にハイパーパラメータを探索する方法です。分析者のスキルに依存せず、チューニングが自動で行われるので、とにかく楽です。自動なので、多くの探索を行うことで、手動よりもよい値を発見できる可能性があります。

　ちなみに、「自動でできるのなら、毎回自動チューニングを選択すればよい」と思うかもしれませんが、1 回の学習時間が長い場合、ベストな値を追求して探索回数を多くしてしまうと、処理時間が非常に長くなるのが難点です。

　ほかにも、自動チューニングには欠点があります。「チューニングをやりすぎてしまうことで検証データを過学習してしまう」ことです。元々学習データへの過学習を抑制するために検証データを用意しているのですが、この検証データの評価値を見てチューニングをやりすぎてしまうと、この検証データを強く学習しすぎてしまいます。一見問題ないようにも思えますが、何の偏りもない、公平な検証データを作れることは難しく、どうしても偏りが入ってしまうものです。偏った検証データに特化したハイパーパラメータが選ばれることで、検証データでは精度が向上しているのに、未知のデータに対しては思うように精度が上がらないことが起こり得ます。場合によっては悪化することもあります。

　そのため、加減が非常に難しいのですが、「そこそこにチューニング」するというバランス

感覚が大事になります。この「そこそこ」を実現するために、自動チューニングの試行回数や実施頻度を敢えて少なくする方法（例えば初期に 1 回と最後に 1 回だけ行うなど）が有効です。

　以降では、手動チューニングと自動チューニングの具体的な手順を説明します。学習モデルの種類は LightGBM で、データもこれまでと同様に Titanic のデータセットを用います。

6.1.1 ハイパーパラメータの手動チューニング

　手動チューニングでは、分析者が自分で判断してハイパーパラメータを設定していきます。決まった方法はないので、例として、筆者が行っているアプローチを紹介します。

　まず必要な知識として、次の 2 つを理解しなければいけません。

- 対象とするモデルの仕組み
- モデルの仕組みとハイパーパラメータの関係

● 対象とするモデルの仕組みの理解

　基礎知識として、ここでは LightGBM のアルゴリズムである「勾配ブースティング」の仕組みを理解する必要があります。数式を使わず、イメージで理解しておくレベルでも構いません。

　勾配ブースティングは、複数の決定木を組み合わせたモデルです。この仕組みを理解するために、まずは「決定木」の仕組みを簡単に説明します。

　決定木は、いくつもの条件分岐をたどって予測を行うモデルです。**図 6-2** のような決定木を想定したとき、35 歳の男性なら最初の「性別」分析で左側に進み、次の「年齢」分析では右側に該当するので、生存率は 55% と予測されます。これらの分岐条件は、分岐後の生存率が 100% あるいは 0% に近づいていくものを探して決めます。この分岐条件を決めることが、決定木において学習していることそのものなのです。

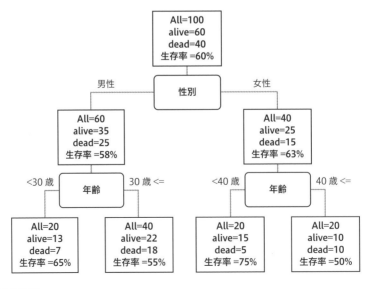

図 6-2　決定木の例

次に、勾配ブースティングでは、この決定木をどう組み合わせているかを説明します。

図 6-3 のように、まず1つめの決定木を作成し（左の決定木）、次に、この決定木の予測誤差を目的変数にして2つめの決定木を作成し（中央の決定木）、さらにその予測誤差を目的変数にした3つめの決定木を作成します（右の決定木）。このように決定木をシーケンシャルに作成していくことで、予測誤差を小さくしていくモデルです。

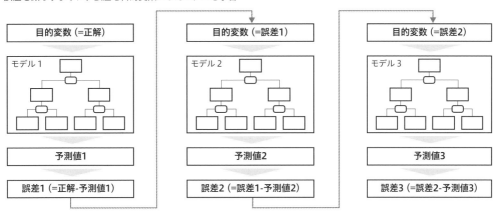

図 6-3 勾配ブースティング

ここでもう1つ理解すべきことがあります。勾配ブースティングは「予測誤差を逐次的に小さくするように学習する」という機構上、学習データに対して容易に過学習してしまいます。このため LightGBM では、過学習を抑制する機構が複数用意されています。ハイパーパラメータも、多くがこの過学習抑制を目的としています。

● **モデルの仕組みとハイパーパラメータの関係**

LightGBM のハイパーパラメータは、以下のように分類することができます。

- 勾配ブースティングの構成に関するもの
- 決定木の構成に関するもの
- 過学習の抑制に関するもの

この分類に沿ってハイパーパラメータを整理したのが**表 6-3** です。

表 6-3　LightGBM の主要なハイパーパラメータの説明

#	分類		番号	ハイパーパラメータ	説明
1	勾配ブースティングの構成		1-1	num_iterations	作成する決定木の個数
			1-2	learning_rate	学習率（決定木ごとの誤差の補正率）
2	決定木の構成		2-1	num_leaves	決定木の葉数の最大数
			2-2	max_depth	決定木の深さの最大値
3	過学習の抑制	決定木作成の抑制	3-1	early_stopping_rounds	何回連続で精度改善しなかった場合に学習を停止するか
		決定木の分岐制約	3-2	min_data_in_leaf	葉にあるデータ数の最小値
			3-3	min_sum_hessian_in_leaf	葉のヘシアン値の最小値
		データのサンプリング	3-4	bagging_fraction	レコードのサンプリング率
			3-5	bagging_freq	レコードのサンプリングの実行頻度（bagging_fraction の実行頻度）
			3-6	feature_fraction	カラムのサンプリング率
		正則化	3-7	lambda_l1	L1 正則化
			3-8	lambda_l2	L2 正則化

　これらのハイパーパラメータのチューニング方法を簡単に説明します。詳細は**表 6-4**、**表 6-5**、**表 6-6** のとおりです。

　表の項目にある「デフォルト値」とは、LightGBM で設定されている初期値です。ハイパーパラメータの値を指定しなかった場合は、内部でこの値が自動的に設定されます。

　「チューニングイメージ」は、値を変動させたときの挙動イメージです。データ依存ではありますが、おおよそはこのような感じとなります。

　右の 2 列は、筆者がお勧めするハイパーパラメータの初期値と探索範囲です。探索範囲が書いていないものは、基本的には値を変えません。

表 6-4 LightGBM のハイパーパラメータのチューニング 1 （勾配ブースティングの構成）

番号	ハイパーパラメータ	デフォルト値	チューニングイメージ	お勧めの初期値	お勧めの探査範囲
1-1	num_iterations	100	100000 などの大きな値を設定し、後述する early_stopping_rounds で学習を停止させる	100000	（探索なし）
1-2	learning_rate	0.1	大きくすると学習速度が上がる。一方、小さくすると学習速度は落ちるが精度が上がりやすい	0.02	0.1 ～ 0.001

表 6-5 LightGBM のハイパーパラメータのチューニング 2 （決定木の構成）

番号	ハイパーパラメータ	デフォルト値	チューニングイメージ	お勧めの初期値	お勧めの探査範囲
2-1	num_leaves	31	大きくすると学習が進むが、過学習しやすくなる。この値は大きくして、後述する過学習抑制パラメータで制御する	16	8 ～ 256
2-2	max_depth	− 1	デフォルト値（− 1）のままとし、num_leaves で制御する。（− 1 は「深さの制約なし」を意味する）	− 1	（探索なし）

表 6-6 LightGBM のハイパーパラメータ 3 （過学習の抑制）

番号	ハイパーパラメータの名称	デフォルト値	チューニングイメージ	お勧めの初期値	お勧めの探査範囲
3-1	early_stopping_rounds	0	50 や 100 などの大きい値を設定する。ただし、学習速度を上げたい場合は小さな値を設定する	100	（探索なし）
3-2	min_data_in_leaf	20	小さくすると分岐数が増えて学習が進むが、過学習しやすくなる。大きくすることで過学習を抑制できる	20	5 ～ 200
3-3	min_sum_hessian_in_leaf	1e-3	小さくすると分岐数が増えて学習が進むが、過学習しやすくなる。大きくすることで過学習を抑制できる[*1]	1e-3	1e-5 ～ 1e-2
3-4	bagging_fraction	1.0	率を下げた方が過学習抑制かつ学習速度も上がる	0.9	0.5 ～ 1.0
3-5	bagging_freq	0	1 にして決定木作成ごとに毎回サンプリングを実行した方がいい	1	（探索なし）
3-6	feature_fraction	1.0	率を下げた方が過学習抑制かつ学習速度も上がる	0.9	0.5 ～ 1.0
3-7	lambda_l1	0.0	過学習を抑制したいなら値を大きくする	0.0	0.01 ～ 100
3-8	lambda_l2	0.0	過学習を抑制したいなら値を大きくする	0.0	0.01 ～ 100

*1 本表の推奨値は分類の場合です。回帰の場合は整数で初期値 20、探索範囲 5 ～ 200 がお勧めです。

第6章

次に、ハイパーパラメータのチューニングの手順例を説明します。

チューニング手順 1：初期値の設定

過去の経験や勘をもとに、手動チューニングにおけるハイパーパラメータの初期値を設定します。設定に迷ったら、**表 6-4**、**表 6-5**、**表 6-6** のお勧めの初期値か、ライブラリのデフォルト値にしてください。

チューニング手順 2：学習結果に応じた個別チューニング

学習の結果を見て、調整の方針を決めます。例えば以下のようにします。

- **早めに学習が止まってしまう**：学習不足と判断して、min_data_in_leaf を小さくする。また、learning_rate も小さくする
- **学習データと検証データの評価値のギャップが大きい**：過学習と判断して、min_data_in_leaf を大きくする。また、bagging_fraction と feature_fraction を小さくする
- **学習に時間がかかりすぎる**：学習速度を上げるために、learning_rate を大きくし、bagging_fraction を小さくする

チューニングの勘所は様々なデータを使い色々なチューニングを試していくことで何となく分かってくると思います。その際の注意点ですが、複数のハイパーパラメータを同時に変えてしまうと、どの変更が良かったのかが分からなくなるため、慣れるまでは 1 つずつ変えるようにしてください。

6.1.2 ハイパーパラメータの自動チューニング

　自動チューニングには、「値のパターン」を指定して探索するアプローチと、「値の範囲」を指定して探索するアプローチがあります。

　「値のパターン」を指定するアプローチでは、事前に項目ごとにパターンを設定し、その組合せの範囲内で探索を行います（**図6-4**の左側）。探索方法としては、全組合せをしらみつぶしに探す「グリッドサーチ」と、組合せの中からランダムで探す「ランダムサーチ」があります。この方法の良い点は探索範囲が有限なことです。悪い点は、指定した値以外は探索しないので、ベストなものを見逃す可能性があることです。また、ハイパーパラメータの個数が多いなど、組合せ数が多くなってしまう場合は、あまり現実的ではありません。ランダムサーチは有効ですが、組合せ数が多い場合は運要素が強くなってしまいます。

　一方、「値の範囲」を指定するアプローチでは、範囲だけを指定して、その中で最適な値を探索します。探索範囲が膨大なため（小数なら無限）ベイズ最適化を活用することで効率的に探索を行います。この方法の良い点は得られる値の粒度が細かいことです。悪い点は探索の組合せが多いため、ベストな値を見つけようとすると時間がかかることです。

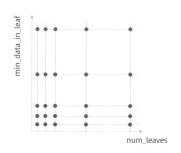

＜パターンを指定＞

ハイパーパラメータ	パターン
num_leaves	8, 16, 32, 64, 128
min_data_in_leaf	10, 20, 50, 100

項目ごとに1点を選んで実行
・良い点：探索範囲が有限
・悪い点：間の値は探索しない

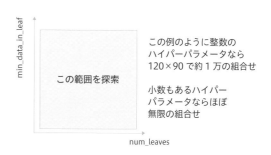

＜範囲を指定＞

ハイパーパラメータ	範囲
num_leaves	8 〜 128
min_data_in_leaf	10 〜 100

この例のように整数の
ハイパーパラメータなら
120×90で約1万の組合せ

小数もあるハイパー
パラメータならほぼ
無限の組合せ

範囲内から値を決めて実行
・良い点：細かい探索が可能
・悪い点：探索組合せが多い

図6-4　自動チューニングの2つのアプローチ（分かりやすいように2個のハイパーパラメータで説明）

　各アプローチで自動的にチューニングを実行するためのライブラリや関数が用意されています。重回帰やロジスティック回帰などを使っていた時代には「グリッドサーチ」や「ランダムサーチ」を使うことが主流でした。しかし、勾配ブースティングなどのように、ハイパーパラメータの数が多く探索範囲が広いモデルでは、このような方法ではベストな値を見つけることは非常に困難です。このため、範囲を指定してベイズ最適化を活用する方法が有効です。

　これらを実現するライブラリとしては、以下のようなものがあります。なお、LightGBM はハイパーパラメータの数が多いため、範囲指定してベイズ最適化で探索する「optuna」が有効です。

表 6-7　自動チューニングのライブラリおよび関数

アプローチ	探索方法	ライブラリ／関数
パターンを指定	グリッドサーチ	scikit-learn (from sklearn.model_selection import GridSearchCV)
	ランダムサーチ	scikit-learn (from sklearn.model_selection import RandomSearchCV)
範囲を指定	ベイズ最適化	optuna

● optuna を用いたハイパーパラメータの自動チューニングの例

　手順としては、目的関数を定義し、それを用いて最適化を実行します。最適化処理は optuna がやってくれますので、定義するのは目的関数の部分だけです。

　まずは前準備として、ライブラリのインポートとファイルの読み込みを行うために、4 章の下記スクリプトを実行します。また、optuna のライブラリもインポートします。

- ライブラリのインポート（スクリプト 4-1）
- ファイルの読み込み（スクリプト 4-2）
- データセット作成（スクリプト 4-8）

スクリプト 6-1　optuna ライブラリのインポート

```
import optuna
```

　次に目的関数を定義します。ここでは「探索しないハイパーパラメータ」と「探索するハイパーパラメータ」を設定し、これらを用いてモデル学習をして評価値を算出する処理を書きます。モデル学習のところは、第 4 章のモデル学習のスクリプト 4-15 を少し書き換えたものです。

　ポイントは、探索するハイパーパラメータの範囲を設定することと、関数の戻り値を「評価値」にすることです。探索範囲の決め方については、取り得る範囲で広めに設定しておけば大丈夫です。ある程度目星が付いているのであれば、範囲を狭めても構いません。評価値はこの例では metrics という変数に入れているので、これを戻り値にしてください。

スクリプト 6-2 目的関数の定義

```python
# 探索しないハイパーパラメータ
params_base = {
    "boosting_type": "gbdt",
    "objective": "binary",
    "metric": "auc",
    "learning_rate": 0.02,
    'n_estimators': 100000,
    "bagging_freq": 1,
    "seed": 123,
}


def objective(trial):
    # 探索するハイパーパラメータ
    params_tuning = {
        "num_leaves": trial.suggest_int("num_leaves", 8, 256),
        "min_data_in_leaf": trial.suggest_int("min_data_in_leaf", 5, 200),
        "min_sum_hessian_in_leaf": trial.suggest_float("min_sum_hessian_in_leaf",
1e-5, 1e-2, log=True),
        "feature_fraction": trial.suggest_float("feature_fraction", 0.5, 1.0),
        "bagging_fraction": trial.suggest_float("bagging_fraction", 0.5, 1.0),
        "lambda_l1": trial.suggest_float("lambda_l1", 1e-2, 1e2, log=True),
        "lambda_l2": trial.suggest_float("lambda_l2", 1e-2, 1e2, log=True),
    }
    params_tuning.update(params_base)

    # モデル学習・評価
    list_metrics = []
    cv = list(StratifiedKFold(n_splits=5, shuffle=True, random_state=123).split(x_
train, y_train))
    for nfold in np.arange(5):
        idx_tr, idx_va = cv[nfold][0], cv[nfold][1]
        x_tr, y_tr = x_train.loc[idx_tr, :], y_train.loc[idx_tr, :]
```

```
        x_va, y_va = x_train.loc[idx_va, :], y_train.loc[idx_va, :]
        model = lgb.LGBMClassifier(**params_tuning)
        model.fit(x_tr,
                  y_tr,
                  eval_set=[(x_tr,y_tr), (x_va,y_va)],
                  early_stopping_rounds=100,
                  verbose=0,
                  )
        y_va_pred = model.predict_proba(x_va)[:,1]
        metric_va = accuracy_score(y_va, np.where(y_va_pred>=0.5, 1, 0))
        list_metrics.append(metric_va)

    # 評価値の計算
    metrics = np.mean(list_metrics)

    return metrics
```

　目的関数ができたので、次に最適化処理を実行します。スクリプト 6-3 の 3 行を実行するだけで、n_trials で指定した回数分、自動的に探索処理を行ってくれます。

　結果の再現性が必要であれば、1 行目の seed を指定してください。

　また、2 行目の「direction」の値は、評価値を最小化したいのか、最大化したいのかによって書き換えてください。今回の場合、評価値の accuracy は大きい方がよいので、「direction="maximize"」としています。RMSE のように小さい方がよい評価値の場合は「direction="minimize"」と設定してください。

　あと注意点は、試行回数（n_trials）を多く設定しすぎると時間がかかることです。並列化なしの場合、探索 1 回で 1 分間としても、探索回数を 5,000 回としてしまうと約 3.5 日かかります。事前にどのくらいの時間を要するかを計算した上で試行回数を決めてください。

　なお、紙面上では省略していますが、結果表示には [LightGBM][Warning] が大量に表示されます。問題はないので無視してください。

スクリプト 6-3　最適化処理（探索の実行）

```
sampler = optuna.samplers.TPESampler(seed=123)
study = optuna.create_study(sampler=sampler, direction="maximize")
study.optimize(objective, n_trials=30)
```

結果表示

```
[I 2022-03-06 06:15:02,841] A new study created in memory with name: no-name-8768e5f9-
dc3b-4d96-b3e9-92bdf4947f7e

[I 2022-03-06 06:15:03,570] Trial 0 finished with value: 0.664478061640826 and
parameters: {'num_leaves': 181, 'min_data_in_leaf': 61, 'min_sum_hessian_in_leaf':
4.792414358623587e-05, 'feature_fraction': 0.7756573845414456, 'bagging_fraction':
0.8597344848927815, 'lambda_l1': 0.492522233779106, 'lambda_l2': 83.76388146302445}.
Best is trial 0 with value: 0.664478061640826.

[I 2022-03-06 06:15:03,835] Trial 1 finished with value: 0.6161634548992531 and
parameters: {'num_leaves': 178, 'min_data_in_leaf': 99, 'min_sum_hessian_in_leaf':
0.00015009027543233888, 'feature_fraction': 0.6715890080754348, 'bagging_fraction':
0.8645248536920208, 'lambda_l1': 0.567922374174008, 'lambda_l2': 0.01732652966363563}.
Best is trial 0 with value: 0.664478061640826.

[I 2022-03-06 06:15:04,116] Trial 2 finished with value: 0.6161634548992531 and
parameters: {'num_leaves': 107, 'min_data_in_leaf': 149, 'min_sum_hessian_in_leaf':
3.52756635172055e-05, 'feature_fraction': 0.5877258780737462, 'bagging_fraction':
0.7657756869209191, 'lambda_l1': 1.3406343673102123, 'lambda_l2': 3.4482904089131434}.
Best is trial 0 with value: 0.664478061640826.

(省略)
```

探索処理が完了したら、ベストな評価値と、そのときのハイパーパラメータの値を確認します。

スクリプト 6-4 探索結果の確認

```
trial = study.best_trial
print("acc(best)={:.4f}".format(trial.value))
display(trial.params)
```

結果表示

```
acc(best)=0.6993
{'num_leaves': 160,
 'min_data_in_leaf': 28,
 'min_sum_hessian_in_leaf': 0.0030131614432849746,
 'feature_fraction': 0.8015300642054637,
```

```
 'bagging_fraction': 0.7725340032332324,
 'lambda_l1': 0.23499322154972468,
 'lambda_l2': 0.1646202117975735}
```

　最後に、モデル学習に利用できるように、探索しなかったものも含めたハイパーパラメータ
を dict 型で作成します。

スクリプト 6-5　ベストなハイパーパラメータの取得

```
params_best = trial.params
params_best.update(params_base)
display(params_best)
```

結果表示

```
{'num_leaves': 160,
 'min_data_in_leaf': 28,
 'min_sum_hessian_in_leaf': 0.0030131614432849746,
 'feature_fraction': 0.8015300642054637,
 'bagging_fraction': 0.7725340032332324,
 'lambda_l1': 0.23499322154972468,
 'lambda_l2': 0.1646202117975735,
 'boosting_type': 'gbdt',
 'objective': 'binary',
 'metric': 'auc',
 'learning_rate': 0.02,
 'n_estimators': 100000,
 'bagging_freq': 1,
 'seed': 123}
```

　以上、optuna を用いることで、ハイパーパラメータを自動でチューニングすることができ
ました。時間があれば、ハイパーパラメータの探索範囲（目的関数の params_tuning で指定）や、
試行回数（n_trials）を変えて試行してみてください。

LightGBM 以外のモデル利用

　これまでは LightGBM のみを扱ってきましたが、機械学習にはほかにも様々なモデルがあります。本節では、以下のモデルの学習方法を説明します。

- scikit-learn の各種モデル
- ニューラルネットワーク

　基本的には LightGBM で良い精度が出るため、多くの場合、他のモデルを試す必要はないかもしれません。しかし、LightGBM であまり精度が出ない場合や、アンサンブルで利用するモデルを作りたい場合に、その壁を突破する手段として他モデルの適用が有効なケースもあります。

　データセットについては、モデルによってデータの捉え方が異なるため、モデルの仕組みや特性を理解した上で、それに応じたものを作成したいところです。しかし、その作業には非常に時間がかかるため、コンペでも実務でも、効率を考えて各種モデル間でデータセットを流用することが多いです。時間があるときや、少しの精度の違いがビジネスに大きな差を生むようなケースでは、モデルごとにデータセットを作成してください。

第6章

◗ 6.2.1 scikit-learn の各種モデル

　機械学習に使われるほとんどのモデルは、scikit-learn で用意されています。しかも、使い方やインタフェースが統一されていますので、1 つの使い方を覚えれば簡単に応用できます。

　scikit-learn で利用可能な主なモデルは**表 6-8** のとおりです。このほかにも多数あるので公式ページを参照してください。

- scikit-learn の公式ページ

https://scikit-learn.org/stable/index.html

表 6-8　scikit-learn の各種モデル

#	タイプ	モデル	scikit-learn の関数
1	分類	ロジスティック回帰	sklearn.linear_model.LogisticRegression
2		ランダムフォレスト	sklearn.ensemble.RandomForestClassifier
3		SVM	sklearn.svm.SVC
4		決定木	sklearn.tree.DecisionTreeClassifier
5		KNN	sklearn.neighbors.KNeighborsClassifier
6	回帰	線形回帰	sklearn.linear_model.LinearRegression
7		Lasso 回帰	sklearn.linear_model.Lasso
8		Ridge 回帰	sklearn.linear_model.Ridge
9		ランダムフォレスト	sklearn.ensemble.RandomForestRegressor
10		SVM	sklearn.svm.SVR
11		決定木	sklearn.tree.DecisionTreeRegressor
12		KNN	sklearn.neighbors.KNeighborsRegressor

　これらのどのモデルも、同じ手順で処理できます。

① **モデル定義**：インポートした関数を指定してモデルを定義する
② **学習**：「.fit」で学習を実行する
③ **予測**：「.predict」で推論処理を実行する

　最初の①では、ライブラリのインポートと、モデルの定義を行います。**図 6-5** では「model」としていますが、ここは好きな名前を付けてください。

　次の②では、①で作成した「model」に「.fit」を付けて、括弧内に「説明変数」と「目的変数」を入れることでモデルの学習を行います。この 1 行で学習が実行されます。

　最後に③で予測を行います。先ほど学習した「model」に「.predict」を付けて、括弧内に説明変数を入れると予測値が出力されます。ただし、分類モデルにおいて、カテゴリ値を取得したい場合は「.predict」でよいのですが、カテゴリごとに 0 〜 1 の確率値を取得したい場合は「.predict_proba」としてください。

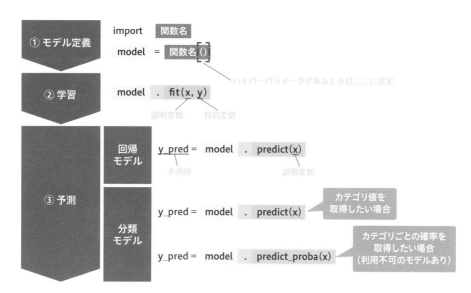

図 6-5　scikit-learn の処理手順

　ここで注意点が 3 つあります。

- 欠損値を埋めないと学習できない
- すべて数値データにしないと学習できない
- 数値データを正規化あるいは標準化する

　はじめの 2 点は LightGBM では許容されていたため、比較的簡単に学習を開始することができましたが、scikit-learn ではこの 2 つに対処しないと学習ができません。そのため、第 5 章で説明した方法で、「欠損値補間」と「カテゴリ変数の数値データへの変換」を行う必要があります。

　3 つめの正規化／標準化については、モデルによって必要なものがあります。これらの変換をしておかしくなることはあまりないので、迷ったら変換すればよいです。なお、決定木ではアルゴリズム上あまり意味がないので基本的には不要です。

● Titanic データを用いた例：ロジスティック回帰

まずはファイルを読み込んでデータセットを作成します。簡単にするため、説明変数は 3 つのみとします。その中に欠損値のある「Embarked」および「Age」と、カテゴリ変数である「Embarked」を入れています。

スクリプト 6-6　ファイル読み込みとデータセット作成

```
# ファイル読み込み
df_train = pd.read_csv("../input/titanic/train.csv")

# データセット作成
x_train = df_train[["Pclass", "Age", "Embarked"]]
y_train = df_train[["Survived"]]
```

次に、「Age」と「Embarked」の欠損値を補間します。ここでは、数値データである「Age」は平均値で補間し、カテゴリ変数である「Embarked」は最頻値で補間します。

スクリプト 6-7　欠損値の補間

```
# 欠損値補間：数値データ
x_train["Age"] = x_train["Age"].fillna(x_train["Age"].mean())

# 欠損値補間：カテゴリ変数
x_train["Embarked"] = x_train["Embarked"].fillna(x_train["Embarked"].mode()[0])
```

さらに、カテゴリ変数である「Embarked」を数値データに変換します。ここでは、one-hot-encoding を適用します。

スクリプト 6-8　カテゴリ変数の数値データへの変換（one-hot-encoding）

```
ohe = OneHotEncoder()
ohe.fit(x_train[["Embarked"]])
df_embarked = pd.DataFrame(ohe.transform(x_train[["Embarked"]]).toarray(),
                    columns=["Embarked_{}".format(col) for col in ohe.categories_[0]])

x_train = pd.concat([x_train, df_embarked], axis=1)
x_train = x_train.drop(columns=["Embarked"])
```

そして、数値データを以下のようにして正規化します。

スクリプト 6-9　数値データの正規化

```
x_train["Pclass"] = (x_train["Pclass"] -x_train["Pclass"].min()) / (x_train["Pclass"].
max() - x_train["Pclass"].min())
x_train["Age"] = (x_train["Age"] -x_train["Age"].min()) / (x_train["Age"].max() - x_
train["Age"].min())
```

　データセットの準備ができたら、学習データと検証データに分離します。ここではホールド
アウト検証を用いることとし、8：2で分離します。

スクリプト 6-10　学習データと検証データの分割（ホールドアウト検証）

```
x_tr, x_va, y_tr, y_va = train_test_split(x_train, y_train, test_size=0.2, stratify=
y_train, random_state=123)
print(x_tr.shape, x_va.shape, y_tr.shape, y_va.shape)
```

結果表示

```
(712, 5) (179, 5) (712, 1) (179, 1)
```

　学習データが準備できたら、「ロジスティック回帰」を使ってモデルを学習してみます。

スクリプト 6-11　LogisticRegression

```
# モデル定義
from sklearn.linear_model import LogisticRegression
model_logis = LogisticRegression()

# 学習
model_logis.fit(x_tr, y_tr)

# 予測
y_va_pred = model_logis.predict(x_va)
print("accuracy:{:.4f}".format(accuracy_score(y_va, y_va_pred)))
print(y_va_pred[:5])
```

結果表示

```
accuracy:0.7263
[0 1 0 1 0]
```

　ロジスティック回帰は分類モデルなので、「.predict」を使うと、**スクリプト 6-11** のように
カテゴリ値（0 or 1）を取得できます。また、「.predict_proba」を使えば、カテゴリごとの確
率値を取得できます。Titanic は 2 値（0 = dead、1 = alive）なので、レコードごとに 2 つの
確率値が出力されます。

　スクリプト 6-12 の結果表示の 1 行目を見ると、[0.83621285, 0.16378715] となっていま
す。これは「0」の確率が約 84%、「1」の確率が約 16% であることを示しています。つまり、
死ぬ確率が 84% で、生き残る確率が 16% です。

　先ほどの「.predict」の 0/1 は、この値が 50% 以上か未満かで 0/1 を判定しています。例えば、
ここで表示している 5 個は順番に「0」「1」「0」「1」「0」となります。先ほどの結果と一致
することが分かると思います。

スクリプト 6-12　確率値の取得

```
# 確率値の取得
y_va_pred_proba = model_logis.predict_proba(x_va)
print(y_va_pred_proba[:5, :])
```

結果表示

```
[[0.83621285 0.16378715]
 [0.23058311 0.76941689]
 [0.83244141 0.16755859]
 [0.32227072 0.67772928]
 [0.62569522 0.37430478]]
```

● Titanic データを用いた例：SVM

　別モデルの例として、「SVM」（Support Vector Machine）を適用してみます。モデル定義を
差し替えるだけで学習させることができます。

　scikit-learn の関数名は「SVC」で、これは SVM の Classification（分類）モデルです。この
関数は少し特殊で、予測時に確率値を計算するにはハイパーパラメータに「probability=True」

を指定する必要があります。

スクリプト 6-13 SVM

```python
# モデル定義
from sklearn.svm import SVC
model_svm = SVC(C=1.0, random_state=123, probability=True)

# 学習
model_svm.fit(x_tr, y_tr)

# 予測
y_va_pred = model_svm.predict(x_va)
print("accuracy:{:.4f}".format(accuracy_score(y_va, y_va_pred)))
print(y_va_pred[:5])

# 確率値の取得
y_va_pred_proba = model_svm.predict_proba(x_va)
print(y_va_pred_proba[:5, :])
```

結果表示

```
accuracy:0.7151
[0 1 0 1 0]
[[0.73985924 0.26014076]
 [0.28242534 0.71757466]
 [0.73986177 0.26013823]
 [0.26828214 0.73171786]
 [0.58950192 0.41049808]]
```

　以上、ロジスティック回帰と SVM の適用例を挙げてみました。このように、LightGBM と同じ手順で学習や予測ができます。scikit-learn にはほかにもモデルが用意されていますので、他のモデルについても是非試してみてください。

6.2.2 ニューラルネットワーク

　機械学習の有名なモデルには、ニューラルネットワーク（Neural Network）があります。なお、ニューラルネットワークを多層にしたものをディープニューラルネットワーク（Deep Neural Network）やディープラーニング（Deep Learning）と呼ぶこともありますが、ここでは特に区別していません。

　ニューラルネットワークやディープラーニングというと、画像認識や自然言語処理で活躍し、テーブルデータにはあまり適用されないイメージがあります。実はテーブルデータにも有効なケースがあります。それは、仮説から特徴量が作成しにくい場合です。例えば、データ項目の意味が伏せられている場合や、ドメイン知識を持っていない場合、仮説が考えにくく、良い特徴量を作成するのは容易でありません。それに対し、ニューラルネットワークでは多層の複雑なネットワーク構造にすることで、人では捉えにくい特徴を自動的に抽出できるという特徴があります。

　ニューラルネットワークは他のモデルと比べて特殊なので、基本的な構造と計算イメージを簡単に説明します。

　ネットワーク構造は**図 6-6** のように、入力層・隠れ層・出力層を持っています。各層は複数のノード（図中の○）があり、入力層では説明変数の個数分のノードが並んでいます。出力層は目的変数の個数分のノードが並んでいます。例えば、2 値分類や回帰モデルでは 1 個、多値分類ではラベルの個数分のノードが並んでいます。そして、これらの間には隠れ層があります。この隠れ層は、図では 1 層でノード数を 2 個としていますが、層はいくらでも増やせますし、ノード数も自由に設定できます。

　次に、予測値の計算方法を説明します。ノード間を結んでいる線はそれぞれに「重み」を持っており、左から右に線を伝ってデータが流れるときに、ノードの値に重みを掛け合わせて隣のノードに流れます。これを左から順次計算していくと、最終的に一番右の出力層の予測値を算出できます。

　この予測値と、目的変数の値との差分が「誤差」であり、ニューラルネットワークではこの誤差が小さくなるように、「重み」を調整していきます。この「重み」の調整がニューラルネットワークにおける学習です。

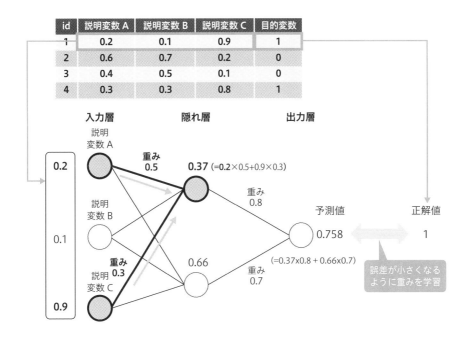

第 6 章

図 6-6　ニューラルネットワークの構造と計算イメージ

注意点については、scikit-learn のときと同じです。

- 欠損値を埋めないと学習できない
- すべて数値データにしないと学習できない
- 数値を正規化あるいは標準化する

　2 番目のカテゴリ変数を数値に変換するメジャーな方法は「one-hot-encoding」です。この方法では、カテゴリ変数の持つ値の種類数が多いと、説明変数が非常に多くなるという問題があります。例えば 100 種類のカテゴリ変数の場合は、1 個の説明変数が 100 個になってしまいます。この問題を、ニューラルネットワークでは「埋め込み層」を用いることで解消できます。これについては後述します。

　3 番目は行わなくても学習自体は実行できますが、実施しないと学習が進みにくくなります。ざっくり説明すると、ニューラルネットワークでは重みを学習するときに「誤差逆伝播法（バックプロパゲーション）」という処理が行われますが、このときに値を正規化あるいは標準化しておかないと勾配爆発が起きて、学習が進まないことがあります。本書ではこれ以上詳しく説明しませんが、前処理で正規化・標準化することは意外と重要なので覚えておいてください。

　テーブルデータにニューラルネットワークを適用する例を 2 つ紹介します。「全結合層」と「埋

め込み層」という用語の意味については、それぞれのところで説明します。

① 全結合層のみのネットワークモデル
② 埋め込み層ありのネットワークモデル

● **ニューラルネットワークの適用例：①全結合層のみのネットワークモデル**

「全結合層」とは、**図 6-7** のように、隣り合う層のノード間がすべて線で繋がっている構造を言います。よくあるニューラルネットワークの構造になります。

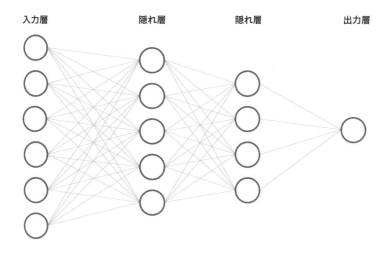

入力層　　　　　　　隠れ層　　　　　　隠れ層　　　　　　出力層

図 6-7　全結合層のみのネットワーク構造

　まず、ライブラリのインポートとファイルの読み込みを行います。**スクリプト 4-1** のライブラリに加えて、tensorflow[*2] のライブラリをインポートします。また、tensorflow では結果の再現性を確保するためにシード指定が必要なので、指定用の関数を定義しています。なお、データセットについては、説明を簡略化するため、説明変数には「Pclass」「Age」「Embarked」のみを用いることにします。

[*2]　tensorflow は、google 社が開発したオープンソースの機械学習ライブラリです。ディープラーニングに特化した便利な機能をたくさん持っています。

スクリプト 6-14 tensorflow ライブラリのインポート

```python
import tensorflow as tf
from tensorflow.keras.models import Sequential, Model
from tensorflow.keras.layers import Input, Dense, Dropout, BatchNormalization
from tensorflow.keras.layers import Embedding, Flatten, Concatenate
from tensorflow.keras.callbacks import EarlyStopping, ModelCheckpoint, ⤵
ReduceLROnPlateau, LearningRateScheduler
from tensorflow.keras.optimizers import Adam, SGD
```

スクリプト 6-15 tensorflow の再現性のためのシード指定

```python
def seed_everything(seed):
    import random
    random.seed(seed)
    os.environ['PYTHONHASHSEED'] = str(seed)
    np.random.seed(seed)
    tf.random.set_seed(seed)
    session_conf = tf.compat.v1.ConfigProto(
        intra_op_parallelism_threads=1,
        inter_op_parallelism_threads=1
    )
    sess = tf.compat.v1.Session(graph=tf.compat.v1.get_default_graph(), config=session⤵
_conf)
    tf.compat.v1.keras.backend.set_session(sess)
```

スクリプト 6-16 ファイルの読み込みとデータセット作成

```python
# ファイル読み込み
df_train = pd.read_csv("../input/titanic/train.csv")

# データセット作成
x_train = df_train[["Pclass", "Age", "Embarked"]]
y_train = df_train[["Survived"]]
```

　次に前処理を行います。数値データには「Pclass」と「Age」があり、「Age」には欠損値があるので、平均値で埋めます。欠損値を補間したら、最小0で最大1となるように正規化します。

スクリプト 6-17　数値データの前処理

```
# 欠損値補間
x_train["Age"] = x_train["Age"].fillna(x_train["Age"].mean())


# 正規化
for col in ["Pclass", "Age"]:
    value_min = x_train[col].min()
    value_max = x_train[col].max()
    x_train[col] = (x_train[col] - value_min) / (value_max - value_min)
```

　カテゴリ変数である「Embarked」にも欠損値があるので、ここでは最頻値で補間します。補間したら数値データに変換するために、one-hot-encoding を実施します。

スクリプト 6-18　カテゴリ変数の前処理

```
# 欠損値補間
x_train["Embarked"] = x_train["Embarked"].fillna(x_train["Embarked"].mode()[0])


# one-hot-encoding
ohe = OneHotEncoder()
ohe.fit(x_train[["Embarked"]])
df_embarked = pd.DataFrame(ohe.transform(x_train[["Embarked"]]).toarray(),
                    columns=["Embarked_{}".format(col) for col in ohe.categories_[0]])
x_train = pd.concat([x_train.drop(columns=["Embarked"]),
                    df_embarked], axis=1)
```

　データセットの準備ができたら、学習データと検証データに分離します。ここではホールドアウト検証を用いることとし、8 : 2 で分離します。

スクリプト 6-19　学習データと検証データの分割

```
x_tr, x_va, y_tr, y_va = train_test_split(x_train, y_train, test_size=0.2, stratify=↩
y_train, random_state=123)
print(x_tr.shape, x_va.shape, y_tr.shape, y_va.shape)
```

結果表示

```
(712, 5) (179, 5) (712, 1) (179, 1)
```

　次に、ネットワークモデルの定義を行います。カラム数は 5 個なので、入力層のノード数を 5 とします。また、目的変数は 1 つなので出力層も 1 ノードにします。隠れ層については3 層とし、ノード数をそれぞれ 10 個／ 10 個／ 5 個としています。また、定義したモデルの構造は、「.summary()」を付けることで確認できます。

スクリプト 6-20　モデル定義

```python
def create_model():
    input_num = Input(shape=(5,))
    x_num = Dense(10, activation="relu")(input_num)
    x_num = BatchNormalization()(x_num)
    x_num = Dropout(0.3)(x_num)
    x_num = Dense(10, activation="relu")(x_num)
    x_num = BatchNormalization()(x_num)
    x_num = Dropout(0.2)(x_num)
    x_num = Dense(5, activation="relu")(x_num)
    x_num = BatchNormalization()(x_num)
    x_num = Dropout(0.1)(x_num)
    out = Dense(1, activation="sigmoid")(x_num)

    model = Model(inputs=input_num,
                  outputs=out,
                  )

    model.compile(
        optimizer="Adam",
        loss="binary_crossentropy",
        metrics=["binary_crossentropy"],
    )

    return model

model = create_model()
model.summary()
```

結果表示

```
Layer (type)                    Output Shape         Param #
=================================================================
input_9 (InputLayer)            [(None, 5)]          0

dense_32 (Dense)                (None, 10)           60

batch_normalization_24 (Batc    (None, 10)           40

dropout_24 (Dropout)            (None, 10)           0

dense_33 (Dense)                (None, 10)           110

batch_normalization_25 (Batc    (None, 10)           40

dropout_25 (Dropout)            (None, 10)           0

dense_34 (Dense)                (None, 5)            55

batch_normalization_26 (Batc    (None, 5)            20

dropout_26 (Dropout)            (None, 5)            0

dense_35 (Dense)                (None, 1)            6
=================================================================
Total params: 331
Trainable params: 281
Non-trainable params: 50
```

　定義したモデルを用いて学習を実行します。ミニバッチサイズ[*3]は 8 とし、loss（誤差）が 5 回連続改善しなかったら学習率を 10 分の 1 にして（ReduceLROnPlateau に factor=0.1 と patience=5 を設定）、10 回連続改善しなかった場合には強制的に停止（EarlyStopping に patience=10 を設定）させる設定としています。

スクリプト 6-21　モデル学習

```
seed_everything(seed=123)
model = create_model()
model.fit(x=x_tr,
        y=y_tr,
        validation_data=(x_va, y_va),
        batch_size=8,
        epochs=10000,
        callbacks=[
```

[*3]　ニューラルネットワークでは、データ量が多いときにメモリ使用量を減らしたり、局所解に嵌らないようにするため、小さく分割したデータを用いて徐々に学習させることが一般的です。この分割したデータのことを「ミニバッチ」と呼びます。また、1 つのミニバッチを構成するデータ数を「ミニバッチサイズ」と言います。

```
        ModelCheckpoint(filepath="model_keras.h5", monitor="val_loss", mode=↩
"min", verbose=1, save_best_only=True, save_weights_only=True),
        EarlyStopping(monitor="val_loss", mode="min", min_delta=0, patience=10, ↩
verbose=1, restore_best_weights=True),
        ReduceLROnPlateau(monitor="val_loss", mode="min", factor=0.1, patience=↩
5, verbose=1),
        ],
        verbose=1,
        )
```

結果表示

```
Epoch 1/10000
89/89 [==============================] - 2s 6ms/step - loss: 0.6693 - binary_
crossentropy: 0.6693 - val_loss: 0.6570 - val_binary_crossentropy: 0.6570

Epoch 00001: val_loss improved from inf to 0.65698, saving model to model_keras.h5
Epoch 2/10000
89/89 [==============================] - 0s 3ms/step - loss: 0.6714 - binary_
crossentropy: 0.6714 - val_loss: 0.6354 - val_binary_crossentropy: 0.6354

（途中省略）

Epoch 00021: ReduceLROnPlateau reducing learning rate to 1.0000000474974514e-05.
Epoch 00021: early stopping
```

　最後に、検証データを用いて、学習モデルの評価を行います。

スクリプト 6-22　モデルの評価

```
y_va_pred = model.predict(x_va, batch_size=8, verbose=1)
print("accuracy: {:.4f}".format(accuracy_score(y_va, np.where(y_va_pred>=0.5,1,0))))
```

結果表示

```
23/23 [==============================] - 0s 893us/step
accuracy: 0.7151
```

● ニューラルネットワークの適用例：②埋め込み層ありのネットワークモデル

「埋め込み層」（embedding layer）とは、カテゴリ変数を数値ベクトルに変換するものです。one-hot-encoding でも数値に変換できますが、カテゴリ変数の持つ値の種類数が多いと、ベクトルの次元数が多くなるという欠点があります。例えば、種類数が 100 個あると 100 次元のベクトルになります。また、[0,0,0,0,0,0,0,1,0,…0] のように、1 が 1 つだけで残りは 0 という情報密度の薄いベクトルになります。

それに対し、埋め込み層では、任意の次元のベクトルに変換（圧縮）できます。種類数が 100 個でも、次元数を 10 と指定すれば 10 次元に圧縮してくれます。中身の仕組みとしては、**図 6-9** のように、one-hot-encoding で疎なベクトルに変換した後に、さらに全結合層によって密なベクトルに変換しているだけです。tensorflow では「Embedding」という関数でこれを実現でき、id（0 からはじまる整数）を入力すると、カテゴリ変数の持つ値をベクトルに変換してくれます。なお、埋め込み層の重みは学習によって自動的に調整されます。

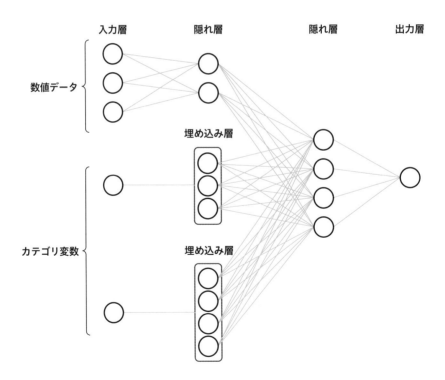

図 6-8　埋め込み層ありのネットワーク構造

中身のイメージ

埋め込み層

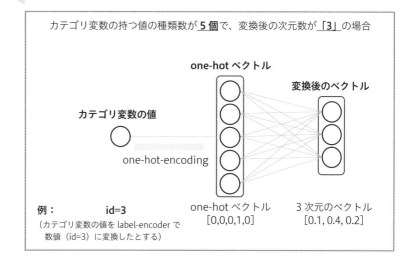

カテゴリ変数の持つ値の種類数が **5 個**で、変換後の次元数が **「3」** の場合

one-hot ベクトル

変換後のベクトル

カテゴリ変数の値

one-hot-encoding

例：　　　　　　**id=3**
（カテゴリ変数の値を label-encoder で
数値（id=3）に変換したとする）

one-hot ベクトル
[0,0,0,1,0]

3 次元のベクトル
[0.1, 0.4, 0.2]

図 6-9　埋め込み層のイメージ

　埋め込み層についても、ここからスクリプト例を紹介します。まずは「①全結合層のネットワークモデル」と同様、以下のスクリプトを順次実行します。

- ライブラリのインポート（スクリプト 4-1）
- tensorflow ライブラリのインポート（スクリプト 6-14）
- tensorflow の再現性のためのシード指定（スクリプト 6-15）

　次に、ファイルを読み込んでデータセットを作成します。Titanic データのうち、種類数が多いカテゴリ変数として「Cabin」を用いることにします。このため、**スクリプト 6-16** の「Embarked」を「Cabin」に書き換えてください。

スクリプト 6-23　ファイルの読み込みとデータセットの作成

```
# ファイル読み込み
df_train = pd.read_csv("../input/titanic/train.csv")

# データセット作成
x_train = df_train[["Pclass", "Age", "Cabin"]]
y_train = df_train[["Survived"]]
```

　数値データについては、①と同じように欠損値補間と正規化を行います。

スクリプト 6-24　数値データの前処理

```
# 欠損値補間
x_train["Age"] = x_train["Age"].fillna(x_train["Age"].mean())

# 正規化
for col in ["Pclass", "Age"]:
    value_min = x_train[col].min()
    value_max = x_train[col].max()
    x_train[col] = (x_train[col] - value_min) / (value_max - value_min)
```

　カテゴリ変数については、①と異なり、欠損値を「None」で補間した後に、label-encoderによって 0 からはじまる整数に変換します。種類の数は 148 個です。

スクリプト 6-25　カテゴリ変数の前処理

```
# 欠損値補間
x_train["Cabin"] = x_train["Cabin"].fillna("None")

# label-encoding
le = LabelEncoder()
le.fit(x_train[["Cabin"]])
x_train["Cabin"] = le.transform(x_train["Cabin"])

print(le.classes_)
print("count:", len(le.classes_))
```

結果表示

```
['A10' 'A14' 'A16' 'A19' 'A20' 'A23' 'A24' 'A26' 'A31' 'A32' 'A34' 'A36'
 'A5' 'A6' 'A7' 'B101' 'B102' 'B18' 'B19' 'B20' 'B22' 'B28' 'B3' 'B30'
 (省略)
'F38' 'F4' 'G6' 'None' 'T']
count: 148
```

　数値とカテゴリ変数を区別するために、両者を分離してから学習データと検証データに分けます。

スクリプト 6-26　学習データと検証データの分割

```
x_train_num, x_train_cat = x_train[["Pclass", "Age"]], x_train[["Cabin"]]

x_num_tr, x_num_va, x_cat_tr, x_cat_va, y_tr, y_va = \
    train_test_split(x_train_num, x_train_cat, y_train, test_size=0.2, stratify=↩
y_train, random_state=123)
print(x_num_tr.shape, x_num_va.shape, x_cat_tr.shape, x_cat_va.shape, y_tr.shape, ↩
y_va.shape)
```

結果表示

```
(712, 2) (179, 2) (712, 1) (179, 1) (712, 1) (179, 1)
```

　次に、埋め込み層ありのモデルを定義します。埋め込み層は Embedding 関数を使います。引数として、入力次元数（input_dim）と出力次元数（output_dim）を指定してください。ここでは入力次元数を 148、出力次元数を 74 としています。

スクリプト 6-27　埋め込み層ありのモデル定義

```
def create_model_embedding():
    ################# num
    input_num = Input(shape=(2,))
    layer_num = Dense(10, activation="relu")(input_num)
    layer_num = BatchNormalization()(layer_num)
    layer_num = Dropout(0.2)(layer_num)
    layer_num = Dense(10, activation="relu")(layer_num)

    ################# cat
    input_cat = Input(shape=(1,))
    layer_cat = input_cat[:, 0]
    layer_cat = Embedding(input_dim=148, output_dim=74)(layer_cat)
    layer_cat = Dropout(0.2)(layer_cat)
    layer_cat = Flatten()(layer_cat)

    ################# concat
    hidden_layer = Concatenate()([layer_num, layer_cat])
    hidden_layer = Dense(50, activation="relu")(hidden_layer)
    hidden_layer = BatchNormalization()(hidden_layer)
```

```
    hidden_layer = Dropout(0.1)(hidden_layer)

    hidden_layer = Dense(20, activation="relu")(hidden_layer)

    hidden_layer = BatchNormalization()(hidden_layer)

    hidden_layer = Dropout(0.1)(hidden_layer)

    output_layer = Dense(1, activation="sigmoid")(hidden_layer)


    model = Model(inputs=[input_num, input_cat],
                  outputs=output_layer,
                  )


    model.compile(
        optimizer="Adam",
        loss="binary_crossentropy",
        metrics=["binary_crossentropy"],
    )


    return model


model = create_model_embedding()
model.summary()
```

結果表示

```
Model: "model_2"

Layer (type)                    Output Shape         Param #     Connected to
==================================================================================================
input_3 (InputLayer)            [(None, 2)]          0

input_4 (InputLayer)            [(None, 1)]          0

dense_8 (Dense)                 (None, 10)           30          input_3[0][0]

tf.__operators__.getitem (Slici (None,)             0           input_4[0][0]

batch_normalization_6 (BatchNor (None, 10)           40          dense_8[0][0]

embedding (Embedding)           (None, 74)           10952       tf.__operators__.getitem[0][0]

dropout_6 (Dropout)             (None, 10)           0           batch_normalization_6[0][0]

dropout_7 (Dropout)             (None, 74)           0           embedding[0][0]

dense_9 (Dense)                 (None, 10)           110         dropout_6[0][0]

flatten (Flatten)               (None, 74)           0           dropout_7[0][0]

concatenate (Concatenate)       (None, 84)           0           dense_9[0][0]
                                                                 flatten[0][0]

dense_10 (Dense)                (None, 50)           4250        concatenate[0][0]

batch_normalization_7 (BatchNor (None, 50)           200         dense_10[0][0]

dropout_8 (Dropout)             (None, 50)           0           batch_normalization_7[0][0]

dense_11 (Dense)                (None, 20)           1020        dropout_8[0][0]

batch_normalization_8 (BatchNor (None, 20)           80          dense_11[0][0]

dropout_9 (Dropout)             (None, 20)           0           batch_normalization_8[0][0]

dense_12 (Dense)                (None, 1)            21          dropout_9[0][0]
==================================================================================================
Total params: 16,703
Trainable params: 16,543
Non-trainable params: 160
```

データセットとモデルの準備ができたら、学習を実行します。設定は先ほどの①と同じです。

スクリプト 6-28 モデル学習

```
seed_everything(seed=123)
model = create_model_embedding()
model.fit(x=[x_num_tr, x_cat_tr],
        y=y_tr,
        validation_data=([x_num_va, x_cat_va], y_va),
        batch_size=8,
        epochs=10000,
        callbacks=[
            ModelCheckpoint(filepath="model_keras_embedding.h5", monitor="val_loss"
, mode="min", verbose=1, save_best_only=True, save_weights_only=True),
            EarlyStopping(monitor="val_loss", mode="min", min_delta=0, patience=10,
verbose=1, restore_best_weights=True),
            ReduceLROnPlateau(monitor="val_loss", mode="min", factor=0.1, patience=
5, verbose=1),
        ],
        verbose=1,
    )
```

結果表示

```
Epoch 1/10000
89/89 [==============================] - 2s 7ms/step - loss: 0.7839 - binary_
crossentropy: 0.7839 - val_loss: 0.7185 - val_binary_crossentropy: 0.7185

Epoch 00001: val_loss improved from inf to 0.71853, saving model to model_keras_
embedding.h5
Epoch 2/10000
89/89 [==============================] - 0s 4ms/step - loss: 0.6714 - binary_
crossentropy: 0.6714 - val_loss: 0.7027 - val_binary_crossentropy: 0.7027

（途中省略）

Epoch 00017: ReduceLROnPlateau reducing learning rate to 1.0000000474974514e-05.
Epoch 00017: early stopping
```

学習が完了したら、検証データでモデルの精度を評価します。

スクリプト 6-29　モデル評価

```
y_va_pred = model.predict([x_num_va, x_cat_va], batch_size=8, verbose=1)
print("accuracy: {:.4f}".format(accuracy_score(y_va, np.where(y_va_pred>=0.5,1,0))))
```

結果表示

```
23/23 [==============================] - 0s 982us/step
accuracy: 0.7151
```

6.3 アンサンブル

　これまでは 1 つのモデルを作る方法を説明してきましたが、モデルは単体である必要はなく、複数の異なるモデルを組み合わせることもできます。一般的に、モデルは組み合わせた方が精度は高くなりますし、モデルの頑健性も上がります。複数のモデルを組み合わせることを「アンサンブル」と言います。

　この組合せの効果は、モデルの多様性があるほど高くなります。例えば、データセットとモデルが同じで、ハイパーパラメータが少しだけ違うモデルを 2 つアンサンブルしてもあまり効果はありません。逆に、データセットもモデルも変えた場合、多様性が出て、アンサンブルの効果が高くなります。

　多様性があるかどうかは、予測値同士の相関係数を計算することで確認できます。相関が高いほど多様性が低く、相関が低いほど多様性が高いことを意味しますので、アンサンブル効果を高めたい場合は、低いもの同士を組み合わせるようにしてください。ただし、あくまで個々のモデルが同程度の精度を持つことが必要です。精度の悪いモデルを組み合わせてしまうと、アンサンブルモデルの精度は悪くなるので注意してください。イメージとしては、お互いに実力が拮抗しているチームメンバが集まることで、お互いの弱点を補い合い、強いチームになるような感じです。逆に、極端に実力が低いメンバが混じってしまうと、その穴を補うことができず、チーム全体として弱くなってしまいます。

　良いこと尽くめのアンサンブルですが、デメリットもあります。モデルの数を増やすと運用時の推論時間が長くなりますし、モデルの維持コスト（モデルの挙動監視や、モデルの再学習およびバージョン管理コスト）も高くなります。コンペでは「大変だな」くらいかもしれませんが、実務ではこれらが大きな問題となります。そのため業務やシステム上の制約を加味して、アンサンブルの使用有無やモデル数を決めてください。

　例えば、1 秒以内の推論処理が求められているのに、推論時間が 0.1 秒のモデルを 100 個アンサンブルしてしまうと時間超過してしまいます（並列数にもよりますが）。この場合はあまりアンサンブルを使わない方が良いでしょう。逆に、推論にかかる時間の制約が特になく、とにかく精度を極限まで上げたい場合はアンサンブルは有効です。例えば、予測が外れたときの損失が大きく、かつ、1 年に 1 回、1 カ月かけて推論していいような場合です。

　アンサンブルの方法はいくつかあります。ここでは下記の 3 つを紹介します。

- 単純平均
- 重み付き平均（weighted average）
- スタッキング（stacking）

6.3.1 単純平均

　各モデルを用いて予測値を推論し、これらを平均したものをアンサンブル時の予測値とする方法です。推論時の流れは**図 6-10** のとおりです。

　3 つのモデル（A・B・C）のアンサンブルであれば、入力データをモデル A・モデル B・モデル C にそれぞれ入力して予測値を算出し、この 3 つの予測値を平均します。モデル A の予測値が 0.10、モデル B の予測値が 0.20、モデル C の予測値が 0.24 とすると、(0.10+0.20+0.24)/3=0.18 なので、予測値は 0.18 となります。

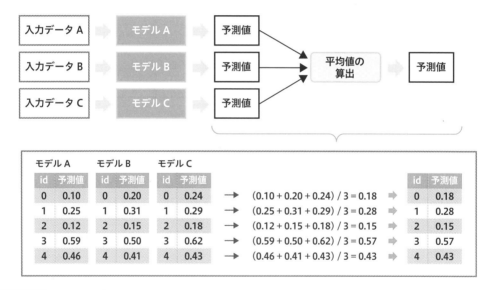

図 6-10　アンサンブル：単純平均

● サンプルデータを用いたアンサンブル（単純平均）の例

　アンサンブルをする前に、3 つのモデルの予測値を持つデータフレームを作成します。ここでは説明を簡略化するため、アンサンブル前に行う 3 モデルの学習と予測値算出処理については省略します。

　サンプルデータは、以下のように乱数を使って疑似的に作成します。目的変数を 0/1 とし、各モデルの予測値を「pred1」「pred2」「pred3」としています。各予測値は 0 〜 1 の値です。

　また、学習データ（df_train）と推論データ（df_test）をそれぞれ用意し、推論データについても目的変数を付与していますが、学習時には分からない値という想定です。

スクリプト 6-30　3 モデルの予測値を持つデータフレームを乱数で作成

```
np.random.seed(123)
df = pd.DataFrame({
    "true": [0]*700 + [1]*300,
    "pred1":np.arange(1000) + np.random.rand(1000)*1200,
    "pred2":np.arange(1000) + np.random.rand(1000)*1000,
    "pred3":np.arange(1000) + np.random.rand(1000)*800,
})
df["pred1"] = np.clip(df["pred1"]/df["pred1"].max(), 0, 1)
df["pred2"] = np.clip(df["pred2"]/df["pred2"].max(), 0, 1)
df["pred3"] = np.clip(df["pred3"]/df["pred3"].max(), 0, 1)

df_train, df_test = train_test_split(df, test_size=0.8, stratify=df["true"], random_
state=123)
df_train = df_train.reset_index(drop=True)
df_test = df_test.reset_index(drop=True)
df_train.head()
```

結果表示

	true	pred1	pred2	pred3
0	1	0.683821	0.874443	0.859939
1	0	0.540691	0.113419	0.197144
2	0	0.310541	0.334798	0.599304
3	0	0.043486	0.170622	0.378528
4	0	0.550847	0.354703	0.598860

　単純平均によるアンサンブルでは、3 つの予測値を合算して 3 で割ることで予測値を計算できます。

スクリプト 6-31　単純平均によるアンサンブル

```
df_train["pred_ensemble1"] = (df_train["pred1"] + df_train["pred2"] + df_train
["pred3"]) / 3
df_train.head()
```

結果表示

	true	pred1	pred2	pred3	pred_ensemble1
0	1	0.683821	0.874443	0.859939	0.806068
1	0	0.540691	0.113419	0.197144	0.283752
2	0	0.310541	0.334798	0.599304	0.414881
3	0	0.043486	0.170622	0.378528	0.197545
4	0	0.550847	0.354703	0.598860	0.501470

　学習データで単純平均した時の評価値を計算してみます。以降で説明する「重み付き平均」や「スタッキング」でも同様の計算をするため、関数化しておきます。ここでは評価指標をAUC としました。

　アンサンブルすることで AUC が上昇していることが確認できます（この例ではアンサンブル効果が出るように調整してサンプルデータを生成しています）。

スクリプト 6-32　アンサンブル用の精度評価関数と、精度評価

```
def evaluate_ensemble(input_df, col_pred):
    print("[auc] model1:{:.4f}, model2:{:.4f}, model3:{:.4f} -> ensemble:{:.4f}".format(
        roc_auc_score(input_df["true"], input_df["pred1"]),
        roc_auc_score(input_df["true"], input_df["pred2"]),
        roc_auc_score(input_df["true"], input_df["pred3"]),
        roc_auc_score(input_df["true"], input_df[col_pred]),
    ))
evaluate_ensemble(df_train, col_pred="pred_ensemble1")
```

結果表示

```
[auc] model1:0.8342, model2:0.8671, model3:0.9050 -> ensemble:0.9585
```

　推論データに対するアンサンブル処理は、学習データのときと同じです。合算して 3 で割るだけです。推論データに対してもアンサンブル効果があることが確認できます。

スクリプト 6-33 推論時のアンサンブル処理と、精度評価

```
df_test["pred_ensemble1"] = (df_test["pred1"] + df_test["pred2"] + df_test["pred3"]) / 3
evaluate_ensemble(df_test, col_pred="pred_ensemble1")
```

結果表示

```
[auc] model1:0.8086, model2:0.8398, model3:0.8973 -> ensemble:0.9396
```

第6章

6.3.2 重み付き平均

　前項（6.3.1）では、各モデルの予測値を単純に平均しましたが、「重み付き平均」では、各モデルの予測値に重みを掛けて、アンサンブルの予測値を算出します。推論時の流れは**図6-11** のとおりです。

　例えば、3 つのモデル（A・B・C）のアンサンブルにおいて、重みを 0.2：0.3：0.5 にしたとします。モデル A の予測値が 0.10、モデル B の予測値が 0.20、モデル C の予測値が 0.24だとすると、$0.10 \times 0.2 + 0.20 \times 0.3 + 0.24 \times 0.5 = 0.20$ なので、予測値は 0.20 となります。

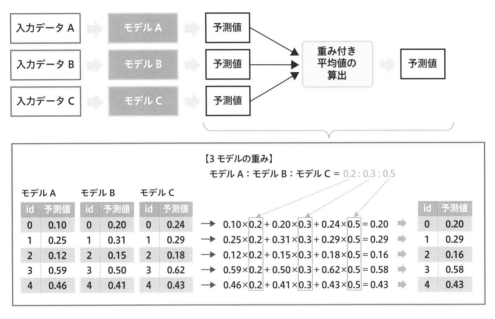

図6-11　アンサンブル：重み付き平均

　この重みの決め方については、各モデルの評価値（精度）をもとに決める方法と、検証データの評価値をもとに決める方法があります。

　前者は、評価値が高いモデルの重みを大きくして、評価値の低いモデルの重みを小さくするイメージです。どのくらい重みの傾斜を付けるかは主観的に決めます。例えば、モデル A がAUC=0.80、モデル B が AUC=0.80、モデル C が AUC=0.83 の場合、重みを「0.3: 0.3: 0.4」にします。

　後者は、学習データと検証データに分割した上で、重み配分のパターンをいくつか適用して、

検証データの評価値が最も良いパターンを採用する方法です。後者は若干面倒ではありますが、客観的に決められるのでお勧めです。

● サンプルデータを用いたアンサンブル（重み付き平均）の例

サンプルデータは 6.3.1 と同じものを利用します（**スクリプト 6-30**）。

学習データを用いて重み付き平均を計算します。各モデルの重みは、「0.3：0.3：0.4」としています。注意点は、重みの合計値を「1」にすることです。心配であればスクリプト例のように「重みの合計値」で割って、合計 1 になるように変換してください。

スクリプト 6-34 重み付き平均によるアンサンブル

```
weight = [0.3, 0.3, 0.4]
weight = weight / np.sum(weight)
print(weight)

df_train["pred_ensemble2"] = df_train["pred1"] * weight[0] + \
                             df_train["pred2"] * weight[1] + \
                             df_train["pred3"] * weight[2]
df_train[["true","pred1","pred2","pred3","pred_ensemble2"]].head()
```

結果表示

	true	pred1	pred2	pred3	pred_ensemble2
0	1	0.683821	0.874443	0.859939	0.811455
1	0	0.540691	0.113419	0.197144	0.275091
2	0	0.310541	0.334798	0.599304	0.433324
3	0	0.043486	0.170622	0.378528	0.215643
4	0	0.550847	0.354703	0.598860	0.511209

次に、アンサンブルした値の評価値を計算します。アンサンブル効果があることが確認できます。

スクリプト 6-35 アンサンブルの精度評価

```
evaluate_ensemble(df_train, col_pred="pred_ensemble2")
```

結果表示

```
[auc] model1:0.8342, model2:0.8671, model3:0.9050 -> ensemble:0.9614
```

　推論データへのアンサンブル処理は、学習データのときと同じ重みを用いて計算します。こちらもアンサンブル効果があることが確認できます。

スクリプト 6-36　推論時のアンサンブル処理と、精度評価

```
df_test["pred_ensemble2"] = df_test["pred1"] * weight[0] + \
                            df_test["pred2"] * weight[1] + \
                            df_test["pred3"] * weight[2]
evaluate_ensemble(df_test, col_pred="pred_ensemble2")
```

結果表示

```
[auc] model1:0.8086, model2:0.8398, model3:0.8973 -> ensemble:0.9420
```

6.3.3 スタッキング

スタッキングとは、各モデルの予測値の組み合わせ方自体に機械学習を使う方法になります。**図 6-12** のように、2段階の構成となっており、1段階目で各モデルを学習し、2段階目でアンサンブル用のモデルを学習します。このようなアンサンブル方法のことを「スタッキング」と言います。

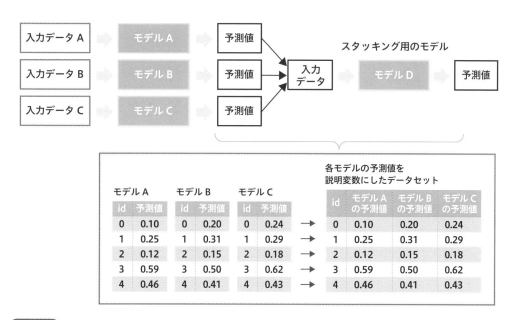

図 6-12 アンサンブル：スタッキング

スタッキング用のモデルでは、モデル A/B/C の予測値を結合したものをデータセットとします。また、2段階目のデータセットに1段階目で利用したデータセットも含めたり、2段階目も複数モデルを作成したり、2段階ではなく3段階・4段階にするなど、様々なバリエーションが考えられます。もしスタッキングを実施する場合は、色々試行錯誤してみてください。

● サンプルデータを用いたアンサンブル（スタッキング）の例

スタッキングでも、6.3.1 と同じサンプルデータを利用します（**スクリプト 6-30**）。

学習データを用いて、スタッキング用のモデルを学習します。ここではモデルとして「Lasso 回帰」を使っています。この例では、スタッキングの結果、予測値が 0 〜 1 の範囲外になる

ことがあるため、0 〜 1 になるようにクリッピングしています。

スクリプト 6-37　スタッキングによるアンサンブル

```python
from sklearn.linear_model import Lasso

x, y = df_train[["pred1", "pred2", "pred3"]], df_train[["true"]]
oof = np.zeros(len(x))
models = []

cv = list(StratifiedKFold(n_splits=5, shuffle=True, random_state=123).split(x, y))
for nfold in np.arange(5):
    # 学習データと検証データの分離
    idx_tr, idx_va = cv[nfold][0], cv[nfold][1]
    x_tr, y_tr = x.loc[idx_tr, :], y.loc[idx_tr, :]
    x_va, y_va = x.loc[idx_va, :], y.loc[idx_va, :]

    # モデル学習
    model = Lasso(alpha=0.01)
    model.fit(x_tr, y_tr)
    models.append(model)

    # 検証データの予測値算出
    y_va_pred = model.predict(x_va)
    oof[idx_va] = y_va_pred

df_train["pred_ensemble3"] = oof
df_train["pred_ensemble3"] = df_train["pred_ensemble3"].clip(lower=0, upper=1)
df_train[["true","pred1","pred2","pred3","pred_ensemble3"]].head()
```

結果表示

	true	pred1	pred2	pred3	pred_ensemble3
0	1	0.683821	0.874443	0.859939	0.745020
1	0	0.540691	0.113419	0.197144	0.000000
2	0	0.310541	0.334798	0.599304	0.206734
3	0	0.043486	0.170622	0.378528	0.000000
4	0	0.550847	0.354703	0.598860	0.303498

　学習データにおける評価値を計算したところ、アンサンブル効果があることが確認できました。

スクリプト 6-38 アンサンブルの精度評価

```
evaluate_ensemble(df_train, col_pred="pred_ensemble3")
```

結果表示

```
[auc] model1:0.8342, model2:0.8671, model3:0.9050 -> ensemble:0.9577
```

　推論データへのアンサンブル処理は、スタッキングのモデルを使って推論することで算出できます。また、予測値については学習時と同様クリッピングしています。

スクリプト 6-39 推論時のアンサンブル処理と、精度評価

```
df_test["pred_ensemble3"] = 0
for model in models:
    df_test["pred_ensemble3"] += model.predict(df_test[["pred1", "pred2", "pred3"]]) ↵
/ len(models)
df_test["pred_ensemble3"] = df_test["pred_ensemble3"].clip(lower=0, upper=1)
evaluate_ensemble(df_test, col_pred="pred_ensemble3")
```

結果表示

```
[auc] model1:0.8086, model2:0.8398, model3:0.8973 -> ensemble:0.9437
```

　本章で分析プロセス全体の進め方の説明は終了です。覚えるというより、それぞれの内容を理解することが大事です。スクリプトの書き方については、最初は本書のスクリプトを参考にしながら進め、徐々に使いやすいようにカスタマイズしていくことをお勧めします。

　また、考え方や進め方を定着させるためには、やはり実践が重要です。次の第7章と第8章では過去のコンペを題材にした進め方の例を紹介していきます。

第6章

Column

コラム⑥：コードの煩雑化問題

　トライ＆エラーで特徴量作成とモデリング・評価を繰り返していくと、コードがぐちゃぐちゃになっていきます。これは「分析あるある」ではないかと思います。

　システム開発では、事前に要件や仕様をしっかり定義し、それに従ってコードを書いていきますが、分析ではそうはいきません。分析設計を最初に行うものの、大抵はあとで変わります。また、どういう特徴量を作成するか、何のモデルを使うかを、最初の段階できっちり決めることはできません。このため、都度変えることになり、コードはぐちゃぐちゃになります。

　もしかすると画期的な解決方法があるのかもしれませんが、これに関しては「そういうものだ」と割り切るのもありだなと思っています。つまり、綺麗に書き続けるのは諦めて、「書き直す前提」でコードを書いていく感じです。

　筆者は、分析のメインとなる「トライ＆エラー」フェーズに加え、コードを綺麗に整理する「コード再構築」フェーズを設けて進めるようにしています。

　最も回避したいのは、「コードを綺麗なままに保ちたいから、このアイデアを試すのはやめよう」となることです。そうなるのであれば、コードをぶっ壊す勢いで試行錯誤するフェーズと、コードを綺麗にするフェーズを分けた方がよいかなという感じです。

　なお、「コード再構築」フェーズでは、処理をまとめて関数化したり、Notebook を前処理・学習・推論などの単位で分割したりと、処理は同じですが綺麗に書き直すことを行います。そうすれば、バグを発見したり、処理を高速化したりといったことも期待できます。また、処理内容を改めて振り返り、改善を図る狙いもあります。

　あくまで一例ですが、「こういう方法もある」ということで理解してもらえればと思います。理想は試行錯誤に優れ、かつ綺麗なコードを書くことだと思いますので、それを目指すのも手だと思います。

第**III**部
実践例

第**7**章

2 値分類のコンペ

　本書第Ⅲ部の第 7 章と第 8 章では、第 4 章から第 6 章で説明したことを実践してみます。実際に行われた Kaggle の過去のコンペを題材にして、どのように考え、どうやって分析していくのかを説明します。

　例として 2 つのコンペを取り上げます。それぞれの概要とタスクの種類は**表 7-1** のとおりです。

表 7-1　本書の題材としたコンペの概要

#	章番号	コンペ名	概要	タスクの種類
1	第 7 章	Home Credit Default Risk	住宅ローンの貸し倒れリスクの評価	2 値分類
2	第 8 章	MLB Player Digital Engagement Forecasting	MLB 選手ごとのデジタルエンゲージメントの推定	回帰

　説明する内容としては、ベースラインの作成から、特徴量エンジニアリングおよびモデルチューニングまでになります。特徴量エンジニアリングとモデルチューニングは、やり込んでいくと奥が深いので、導入部分の紹介に留めます。

　解き方は 1 つではないので、あくまで一例として読んでください。他の解法に興味を持った方は、Kaggle の各コンペページの「Discussion」にコンペ参加者の解法が共有されているので覗いてみてください。Kaggle の解法はいくつもあり、上位陣であっても同じではありません。それが分析の難しいところであり、楽しいところです。

7.1 Home Credit Default Risk コンペの概要

このコンペのタスクは、住宅ローンの貸し倒れリスクを審査するためのモデルを作成することです。いわゆる「与信モデル」と呼ばれるもので、借り手の信用リスクを評価するときに利用します。実ビジネスでも機械学習やAIが適用されている分野であり、銀行やクレジットカード会社などで活用されています。

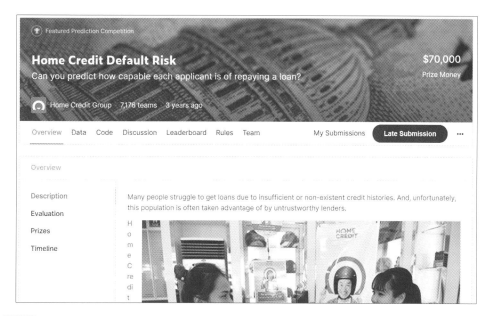

図7-1 Home Credit Default Risk コンペのページ

コンペに取り組む前に、次のポイントを理解する必要があります。これらは、コンペページの「Overview」と「Data」に記載されています。

- **コンペの概要：**「Overview」＞「Description」
- **評価指標：**「Overview」＞「Evaluation」
- **提供されているファイル：**「Data」＞「Data Description」

これらについて簡単に説明します。詳細はコンペページを見てください。

● コンペの概要

　本コンペを主催した Home Credit Group は、オランダに本社がある国際的なノンバンク金融機関です。金融機関は一般的に、貸し倒れリスクが低い人（貸し倒れしにくい人）にお金を貸したいと考えています。そのため、ローン申請時の申請者情報をもとに、申請者の信用リスクを正しく把握する必要があります。「信用リスクを正しく評価するため、できるだけ精度の高いモデルを作成してほしい」というのがコンペのタスクになります。

● 評価指標

　評価指標としては、「AUC（Area Under the Curve）」が設定されています。2 値分類モデルの評価指標としてよく使われるものです。本タスクの目的変数は「貸し倒れ有無」の 2 値なので、オーソドックスな評価指標と言えます。

　この AUC は、「ROC 曲線を描いたときの曲線より下の面積のこと」というのが定義です。そして、ROC 曲線とは「予測値を 0 と 1 に判別する閾値を動かしたときに、x 軸を偽陽性率と y 軸を真陽性率としてプロットしたもの」です。かなり分かりにくいと思いますので、「予測値を大きい順に並べたときに正解（=1）が上に多くあるほど大きくなる値」と理解するとよいです。**図7-2** のようなイメージです。このように上の方に 1 が多いほど大きくなり、完全に 1 が上に固まっていれば「AUC=1」となります。また、ほぼランダムに 0 と 1 が並んでいる場合は「AUC=0.5」となります。

	AUC=1.0		AUC=0.81		AUC=0.52	
	予測値 （1である確率）	正解	予測値 （1である確率）	正解	予測値 （1である確率）	正解
大きい順に並べる	0.98	1	0.94	1	0.99	0
	0.91	1	0.82	0	0.78	0
	0.85	1	0.77	1	0.71	1
	0.66	0	0.51	0	0.67	0
	0.57	0	0.45	0	0.41	1
	0.38	0	0.30	1	0.29	0
	0.32	0	0.25	0	0.21	0
	0.28	0	0.15	0	0.19	1
	0.12	0	0.07	0	0.12	0
	0.08	0	0.03	0	0.05	0

上に 1 が多いほど大きい値になる　　　ランダムに近いと 0.5 に近づく

図7-2　AUC のイメージ

また、評価指標が AUC の場合、予測値は 0 から 1 の間の連続値になります。ちなみに評価指標が「正解率（Accuracy）」「適合率（Precision）」「再現率（Recall）」の場合、0 あるいは 1 の 2 値が予測値になります。例えば、Titanic コンペは Accuracy でしたので 0 あるいは 1 の 2 値でした。評価値によって予測値の形式が異なるので注意が必要です。

● 提供されているファイル

提供されているファイルは 9 個です。そのうち HomeCredit_columns_description.csv は、各テーブルのカラムを説明したファイルなので、分析に利用するファイルは 8 個になります。また、テーブル間の関係は **図 7-3** のとおりです。

表 7-2 テーブルの概要

#	テーブル名	概要
1	application_train.csv	● 学習用のデータ。メインとなるテーブル ● 目的変数である貸し倒れ有無はここに含まれる（カラム名は TARGET） ● 1 行で 1 件の融資（貸し付け） ● 目的変数以外にも、申請時の申請者に関する情報を含む
2	application_test.csv	● 推論用のデータ。application_train.csv と同じフォーマット ● 目的変数（TARGET）は含まない
3	bureau.csv	● Credit Bureau（信用情報機関）から得た他金融機関のローン情報 ● 1 行に 1 ローン
4	bureau_balance.csv	● 他金融機関のローンの月次残高
5	POS_CASH_balance.csv	● POS とキャッシュローンの月次残高 ● 月ごとに 1 行
6	credit_card_balance.csv	● 過去の住宅ローンの月次残高
7	previous_application.csv	● 過去の住宅ローンの申請情報
8	installments_payments.csv	● 過去の住宅ローンの返済履歴 ● 返済すべき月ごとに 1 行（未返済でも 1 行）
9	HomeCredit_columns_description.csv	● テーブルのカラムの説明をしているファイル

第7章

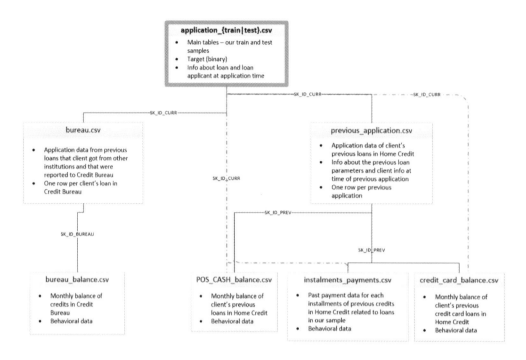

図 7-3　テーブル間の関係

7.2 分析のステップ

進め方は、第4章から第6章に記載した手順に沿います。分析のステップは**図7-4**のとおりです。

① ベースライン作成 — **1st ステップ**
- 利用データ：1テーブル
- モデル：LightGBM
- 目的変数：貸し倒れ有無（0 or 1）
- バリデーション設計：5fold クロスバリデーション（StratifiedKFold）
- 評価指標：AUC

② 特徴量エンジニアリング — **2nd ステップ**
- 他テーブルも活用して特徴量を生成
- テーブルごとにモデル学習して精度を確認
- 主な特徴量生成：仮説に基づく特徴量、集約特徴量

③ モデルチューニング — **3rd ステップ**
- ハイパーパラメータのチューニング

図 7-4 分析のステップ

● 1st ステップ：ベースライン作成

はじめにベースラインを作成します。テーブルの個数が多いですが、ベースラインでは application_train.csv のみを利用します。ベースライン作成で大事なのは、データ読み込みからモデル学習・評価までの骨格を完成させることです。

コンペでも実務でも同じですが、いきなり頑張ってすべてのテーブルを加工・結合して大量に特徴量を作るのではなく、スモールスタートで進めていった方がよいです。これによって本タスクの課題や難しさが分かるので、どこに時間をかけたらよいかの勘所が掴めます。

第7章

● 2nd ステップ：特徴量エンジニアリング

1st ステップでは利用しなかったテーブルを用いて特徴量を作成・利用し、モデルの精度を上げていきます。特徴量の作成は試行錯誤を伴う作業なので、一番難しいところであり、一番面白いところでもあります。

● 3rd ステップ：モデルチューニング

最後にモデルチューニングとして、ハイパーパラメータのチューニングを行います。別のアルゴリズムのモデルを試したり、複数のモデルを学習させてアンサンブルしたりする場合もあります。

説明上は簡潔に 3 ステップとしましたが、実際はもっと複雑になります。例えば、以下のようなことが起こり得ます。

- ベースラインの間違いに気付き、特徴量エンジニアリングやモデルチューニングのあとにベースライン作成に戻る
- 特徴量を生成するたびにハイパーパラメータのチューニングを行う
- アンサンブルのために複数のモデルを作成し、モデルの数だけ、特徴量エンジニアリングとモデルチューニングを並行して行う

「ベースライン作成」「特徴量エンジニアリング」「モデルチューニング」はお互いに行き来します。データ分析では、データを実際に見て、手を動かして処理していけばいくほど、最初は気付けなかったことに気付きます。そのため、「最初に思い描いた分析設計がベストではなかった」ということが当たり前のように起こります。それに気付いたときに、勇気を持ってベースラインから作り直すことも重要です。

それでは、次節から実際にデータを使って、この 3 ステップを進めていきます。

7.3 ベースライン作成

ベースライン作成では application_train.csv というテーブルを利用し、データ読み込みから
モデル学習・推論までの一連の流れを実施します。

7.3.1 分析設計

貸し倒れの有無を予測するシンプルな問題なので、2 値分類モデルになります。Titanic の
問題と同じです。

- **目的変数**：貸し倒れ有り（＝ 1）と貸し倒れ無し（＝ 0）
- **モデル**：貸し倒れの有無を分類する 2 値分類モデル（予測値は 0 から 1 の連続値）
- **評価指標**：AUC（Area Under the Curve）

7.3.2 データ前処理

application_train.csv を読み込んでデータの前処理を行います。このテーブルは申し込み 1
件が 1 レコードになっていて、目的変数が含まれています。

まずは処理に必要なライブラリを読み込みます。以降のステップも含めて必要なものをまと
めて読み込んでいます。

スクリプト 7-1 ライブラリの読み込み

```python
import numpy as np
import pandas as pd
import re
import pickle
import gc
```

```
# scikit-learn
from sklearn.preprocessing import OneHotEncoder, LabelEncoder
from sklearn.model_selection import StratifiedKFold
from sklearn.metrics import roc_auc_score

# LightGBM
import lightgbm as lgb

import warnings
warnings.filterwarnings("ignore")
```

次に application_train.csv を読み込みます。

スクリプト7-2 ファイルの読み込み・データ確認

```
application_train = pd.read_csv("../input/home-credit-default-risk/application_train.⤵
csv")
print(application_train.shape)
application_train.head()
```

結果表示

```
(307511, 122)
```

	SK_ID_CURR	TARGET	NAME_CONTRACT_TYPE	CODE_GENDER	FLAG_OWN_CAR	FLAG_OWN_REALTY	CNT_CHILDREN	A
0	100002	1	Cash loans	M	N	Y	0	2(
1	100003	0	Cash loans	F	N	N	0	2'
2	100004	0	Revolving loans	M	Y	Y	0	6
3	100006	0	Cash loans	F	N	Y	0	1:
4	100007	0	Cash loans	M	N	Y	0	1:

　本コンペのデータはファイル数が多く、各ファイルのサイズも大きいので、処理の途中でメモリ不足になることがあります。それを回避する方法として、各カラムのデータに応じてデータ型を最適化することで、メモリ使用量を削減するのが有効です。

　下記は Kaggle でよく使われるメモリ削減用の関数です。ファイルサイズが大きいときは、これを適用すると便利です。

スクリプト 7-3　メモリ削減のための関数

```python
def reduce_mem_usage(df):
    start_mem = df.memory_usage().sum() / 1024**2
    print('Memory usage of dataframe is {:.2f} MB'.format(start_mem))

    for col in df.columns:
        col_type = df[col].dtype

        if col_type != object:
            c_min = df[col].min()
            c_max = df[col].max()
            if str(col_type)[:3] == 'int':
                if c_min > np.iinfo(np.int8).min and c_max < np.iinfo(np.int8).max:
                    df[col] = df[col].astype(np.int8)
                elif c_min > np.iinfo(np.int16).min and c_max < np.iinfo(np.int16).max:
                    df[col] = df[col].astype(np.int16)
                elif c_min > np.iinfo(np.int32).min and c_max < np.iinfo(np.int32).max:
                    df[col] = df[col].astype(np.int32)
                elif c_min > np.iinfo(np.int64).min and c_max < np.iinfo(np.int64).max:
                    df[col] = df[col].astype(np.int64)
            else:
                if c_min > np.finfo(np.float16).min and c_max < np.finfo(np.float16).max:
                    df[col] = df[col].astype(np.float16)
                elif c_min > np.finfo(np.float32).min and c_max < np.finfo(np.float32).max:
                    df[col] = df[col].astype(np.float32)
                else:
                    df[col] = df[col].astype(np.float64)
        else:
            pass

    end_mem = df.memory_usage().sum() / 1024**2
    print('Memory usage after optimization is: {:.2f} MB'.format(end_mem))
    print('Decreased by {:.1f}%'.format(100 * (start_mem - end_mem) / start_mem))

    return df
```

　appliation_train に適用してみると、286.23MB のメモリ使用量だったものが 92.38MB になり、メモリ使用量が 67.7% も削減されたことが分かります。

スクリプト 7-4 メモリ削減の実行

```
application_train = reduce_mem_usage(application_train)
```

結果表示

```
Memory usage of dataframe is 286.23 MB
Memory usage after optimization is: 92.38 MB
Decreased by 67.7%
```

7.3.3 データセット作成

次にデータセットを作成します。

目的変数は「TARGET」として与えられているので、そのまま利用します。説明変数として、ここでは application_train.csv にあるデータ項目をすべてそのまま利用することにします。ただし、目的変数である「TARGET」と、各申請を一意に特定する ID である「SK_ID_CURR」は除外します。

スクリプトで書くと以下のようになります。説明変数のデータが x_train であり、目的変数のデータが y_train です。なお、予測値を格納したテーブルに ID を付与したいので、ID を取り出した id_train というデータフレームも作成します。

スクリプト 7-5 データセットの作成

```
x_train = application_train.drop(columns=["TARGET", "SK_ID_CURR"])
y_train = application_train["TARGET"]
id_train = application_train[["SK_ID_CURR"]]
```

さらに、LightGBM でカテゴリ変数を扱えるように、データ型が object 型のものを category 型に変更します。これでデータセットの準備は完了です。

スクリプト 7-6 カテゴリ変数を category 型に変換

```
for col in x_train.columns:
    if x_train[col].dtype=="O":
        x_train[col] = x_train[col].astype("category")
```

7.3.4 バリデーション設計

　バリデーション方法には、ホールドアウト検証とクロスバリデーションがありますが、すべてのデータを学習に使うために、また、汎化性能を高めるために、特別な事情がない限り「クロスバリデーション」の利用をお勧めします。今回もクロスバリデーションとします。

　application_train.csv の目的変数の 0 と 1 の割合を確認すると、1 の割合が 8% と低く、不均衡データであることが分かります。

スクリプト 7-7　1 の割合とそれぞれの件数を確認

```
print("mean: {:.4f}".format(y_train.mean()))
y_train.value_counts()
```

結果表示

```
mean: 0.0807
0     282686
1      24825
Name: TARGET, dtype: int64
```

　データの割合が不均衡な場合、fold ごとの 1 の割合が同じになるように「層化分割（Stratified Split）」することが望ましいです。具体的には、scikit-learn の「sklearn.model_selection. StratifiedKFold」を使うことで、fold ごとに 0 と 1 の割合がほぼ揃った index のリストを取得できます。

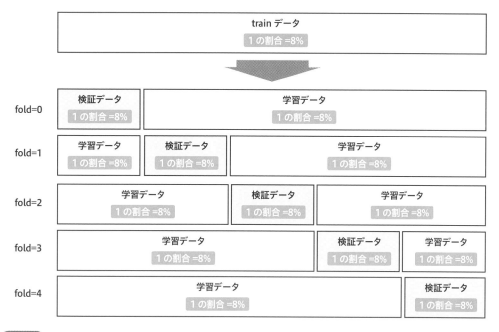

図 7-5 層化分割を用いたクロスバリデーション

スクリプト 7-8 バリデーションの index リスト作成

```
# 層化分割したバリデーションのindexのリスト作成
cv = list(StratifiedKFold(n_splits=5, shuffle=True, random_state=123).split(x_train,
y_train))

# indexの確認：fold=0の学習データ
print("index(train):", cv[0][0])

# indexの確認：fold=0の検証データ
print("index(valid):", cv[0][1])
```

結果表示

```
index(train): [     0     1     3 ... 307508 307509 307510]
index(valid): [     2    11    22 ... 307488 307495 307497]
```

　評価指標の AUC は、scikit-learn の sklearn.metrics.roc_auc_score を利用して算出できます。この「roc_auc_score」は 2 つの引数を取り、1 番目は正解データ、2 番目は予測データです。
　なお、この予測データは 0 あるいは 1 の 2 値ではなく、0 から 1 の連続値（確率値）ですの

で、LightGBM の推論処理では、「model.predict」ではなく「model.predict_proba」として確率値を取得するようにします。

全体の流れは**図 7-6** に示したとおりです。

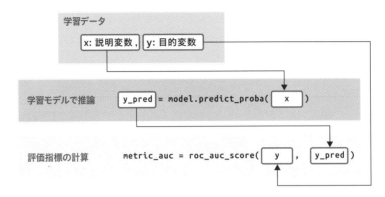

図7-6　推論結果を用いた AUC 計算の流れ

7.3.5 モデル学習

ベースラインで利用するモデルには「LightGBM」を選択します。

第4章で一度説明していますので繰り返しになりますが、改めてモデリングの流れを説明します。全体の流れは**図 7-7** のとおりです。

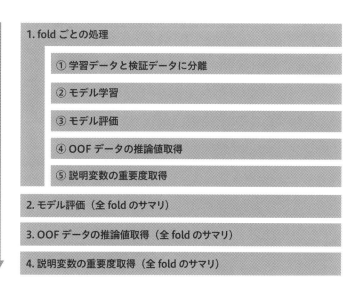

図 7-7　クロスバリデーションにおける学習の流れ

5-fold のクロスバリデーションでは、5 回モデルを学習します。このため、図のように「1. fold ごとの処理」で次の①〜⑤を行います。

① 学習データと検証データに分離

② モデル学習

③ モデル評価

④ OOF データの推論値取得

⑤ 説明変数の重要度取得

以下、それぞれを説明します。

① 学習データと検証データに分離（fold ごと）

　学習用データセットを fold ごとに学習データと検証データに分離します。index のリストは前項（7.3.4 バリデーション設計）で説明した方法で作成し、その index を用いて学習データと検証データを生成します。

スクリプト 7-9 　学習データと検証データに分離

```
# foldごとのindexのリスト作成
cv = list(StratifiedKFold(n_splits=5, shuffle=True, random_state=123).split(x_train, y_train))

# 0fold目のindexのリスト取得
nfold = 0
idx_tr, idx_va = cv[nfold][0], cv[nfold][1]

# 学習データと検証データに分離
x_tr, y_tr, id_tr = x_train.loc[idx_tr, :], y_train[idx_tr], id_train.loc[idx_tr, :]
x_va, y_va, id_va = x_train.loc[idx_va, :], y_train[idx_va], id_train.loc[idx_va, :]
print(x_tr.shape, y_tr.shape, id_tr.shape)
print(x_va.shape, y_va.shape, id_va.shape)
```

結果表示

```
(246008, 120) (246008,) (246008, 1)
(61503, 120) (61503,) (61503, 1)
```

② モデル学習（fold ごと）

　生成した学習データと検証データを入力にして、LightGBM でモデルを学習させます。また、推論に使うために、学習したモデルをファイル保存しておきます。

スクリプト 7-10 　モデル学習

```
params = {
    'boosting_type': 'gbdt',
    'objective': 'binary',
    'metric': 'auc',
    'learning_rate': 0.05,
    'num_leaves': 32,
```

```
        'n_estimators': 100000,
        "random_state": 123,
        "importance_type": "gain",
}


# モデルの学習
model = lgb.LGBMClassifier(**params)
model.fit(x_tr,
          y_tr,
          eval_set=[(x_tr, y_tr), (x_va, y_va)],
          early_stopping_rounds=100,
          verbose=100
          )


# モデルの保存
with open("model_lgb_fold0.pickle", "wb") as f:
    pickle.dump(model, f, protocol=4)
```

結果表示

```
Training until validation scores don't improve for 100 rounds
[100] training's auc: 0.782506     valid_1's auc: 0.755903
[200] training's auc: 0.808961     valid_1's auc: 0.758356
[300] training's auc: 0.829245     valid_1's auc: 0.757774
Early stopping, best iteration is:
[217] training's auc: 0.812578     valid_1's auc: 0.758595
```

③ モデル評価（fold ごと）

　学習したモデルを用いて推論値を計算します。学習データと検証データでそれぞれ算出します。検証データの評価値を算出するだけでもよいのですが、過学習の度合いを確認するために、学習データについても算出しています。

　そして、metrics という変数を用意し、そこへ格納します。

スクリプト 7-11　モデル評価

```
# 学習データの推論値取得とROC計算
y_tr_pred = model.predict_proba(x_tr)[:,1]
metric_tr = roc_auc_score(y_tr, y_tr_pred)
```

```
# 検証データの推論値取得とROC計算
y_va_pred = model.predict_proba(x_va)[:,1]
metric_va = roc_auc_score(y_va, y_va_pred)

# 評価値を入れる変数の作成
metrics = []

# 評価値を格納
metrics.append([nfold, metric_tr, metric_va])

# 結果の表示
print("[auc] tr:{:.4f}, va:{:.4f}".format(metric_tr, metric_va))
```

結果表示

```
[auc] tr:0.8126, va:0.7586
```

④ OOF データの推論値取得（fold ごと）

　OOF とは「out of fold」の略で、学習データのうち学習に使わなかったデータのことです。ここでは検証データが該当します。fold ごとに検証データの推論値を結合することで、学習用データセット全体の推論値を取得できます（**図 7-8**）。推論値や誤差の分布確認や、アンサンブル時のモデルごとの重みを決める場合に有効なので、OOF データを保存しておきます。

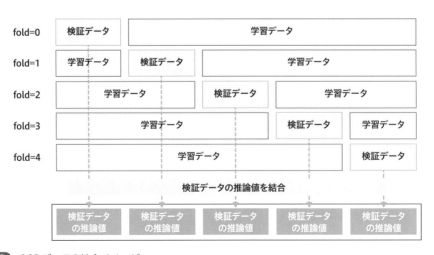

図 7-8　OOF データの結合イメージ

スクリプト 7-12 OOF データの推論値取得

```
# OOFの推論値を入れる変数の作成
train_oof = np.zeros(len(x_train))

# 検証データのindexに推論値を格納
train_oof[idx_va] = y_va_pred
```

⑤ 説明変数の重要度取得（fold ごと）

　学習したモデルから説明変数の重要度を取得します。この重要度は fold のモデルごとに取得することになるので、5-fold 分を格納するデータフレームを用意してそこに格納しておきます。

スクリプト 7-13 説明変数の重要度取得

```
# 重要度の取得
imp_fold = pd.DataFrame({"col":x_train.columns, "imp":model.feature_importances_, 
"nfold":nfold})
# 確認（重要度の上位10個）
display(imp_fold.sort_values("imp", ascending=False)[:10])

# 重要度を格納する5-fold用データフレームの作成
imp = pd.DataFrame()
# imp_foldを5fold用データフレームに結合
imp = pd.concat([imp, imp_fold])
```

結果表示

	col	imp	nfold
41	EXT_SOURCE_3	66225.020483	0
40	EXT_SOURCE_2	52568.833805	0
38	ORGANIZATION_TYPE	20218.523523	0
39	EXT_SOURCE_1	19776.252288	0
6	AMT_CREDIT	8111.321247	0
8	AMT_GOODS_PRICE	7120.960365	0
15	DAYS_BIRTH	7042.223005	0
7	AMT_ANNUITY	6992.551795	0
16	DAYS_EMPLOYED	5236.514120	0
26	OCCUPATION_TYPE	4376.651746	0

第7章

　前掲**図 7-7** の「1. fold ごとの処理」が完了したら（5fold なら 5 回繰り返したら）、次に「2.
モデル評価（全 fold のサマリ）」を行います。

　なお、これまでのスクリプトは説明上 1-fold 分しか書いてませんが、5 回実行したあとと仮
定して下記のスクリプトを実行してみてください。特に OOF は 1-fold 分しか実行していない
（未実行分は推論値として 0 が設定されている）ので評価値が低いように見えますが、ここで
は気にしないでください。

> **スクリプト 7-14**　モデル評価（全 fold のサマリ）

```python
# リスト型をarray型に変換
metrics = np.array(metrics)
print(metrics)

# 学習/検証データの評価値の平均値と標準偏差を算出
print("[cv] tr:{:.4f}+-{:.4f}, va:{:.4f}+-{:.4f}".format(
    metrics[:,1].mean(), metrics[:,1].std(),
    metrics[:,2].mean(), metrics[:,2].std(),
))

# oofの評価値を算出
print("[oof] {:.4f}".format(
    roc_auc_score(y_train, train_oof)
))
```

> **結果表示**

```
[[0. 0.81257796 0.75859528]]
[cv] tr:0.8126+-0.0000, va:0.7586+-0.0000
[oof] 0.5103
```

　続いて、「3. OOF データの推論値取得（全 fold のサマリ）」を行います。予測値分布や誤差
分布を見るときに分かりやすくなるように、予測値だけでなく id や正解を追加したデータフ
レームを作成しています。

スクリプト 7-15 OOF データの推論値取得（全 fold のサマリ）

```
train_oof = pd.concat([
    id_train,
    pd.DataFrame({"true": y_train, "pred": train_oof}),
], axis=1)
train_oof.head()
```

結果表示

	SK_ID_CURR	true	pred
0	100002	1	0.000000
1	100003	0	0.000000
2	100004	0	0.031866
3	100006	0	0.000000
4	100007	0	0.000000

　最後に「4. 説明変数の重要度取得（全 fold のサマリ）」を行います。fold ごとに重要度は異なるので、fold ごとの重要度の平均値と標準偏差を計算します。標準偏差を計算することで、モデルによる重要度のバラツキを確認できます。

　なお、ここではサンプルで 1-fold 分しか実行していないため、標準偏差の値は NaN になっています。5-fold 分回したら正しく計算されますので、ここでは気にしないでください。

スクリプト 7-16 説明変数の重要度取得（全 fold のサマリ）

```
imp = imp.groupby("col")["imp"].agg(["mean", "std"]).reset_index(drop=False)
imp.columns = ["col", "imp", "imp_std"]
imp.head()
```

結果表示

	col	imp	imp_std
0	AMT_ANNUITY	6992.551795	NaN
1	AMT_CREDIT	8111.321247	NaN
2	AMT_GOODS_PRICE	7120.960365	NaN
3	AMT_INCOME_TOTAL	1595.740609	NaN
4	AMT_REQ_CREDIT_BUREAU_DAY	128.842901	NaN

第7章

　以上で処理の流れの説明は終わりですが、これらの処理は、説明変数を変えたりモデルのハ
イパーパラメータを変えたりするたびに何度も実行します。そのため、以下のように関数化し
ておくと便利です。

スクリプト 7-17　学習関数の定義

```python
def train_lgb(input_x,
              input_y,
              input_id,
              params,
              list_nfold=[0,1,2,3,4],
              n_splits=5,
              ):
    train_oof = np.zeros(len(input_x))
    metrics = []
    imp = pd.DataFrame()

    # cross-validation
    cv = list(StratifiedKFold(n_splits=n_splits, shuffle=True, random_state=123).
split(input_x, input_y))
    for nfold in list_nfold:
        print("-"*20, nfold, "-"*20)

        # make dataset
        idx_tr, idx_va = cv[nfold][0], cv[nfold][1]
        x_tr, y_tr, id_tr = input_x.loc[idx_tr, :], input_y[idx_tr], input_id.loc[idx_
tr, :]
        x_va, y_va, id_va = input_x.loc[idx_va, :], input_y[idx_va], input_id.loc[idx_
va, :]
        print(x_tr.shape, x_va.shape)

        # train
        model = lgb.LGBMClassifier(**params)
        model.fit(x_tr,
                  y_tr,
                  eval_set=[(x_tr, y_tr), (x_va, y_va)],
                  early_stopping_rounds=100,
                  verbose=100
                  )
```

```
        fname_lgb = "model_lgb_fold{}.pickle".format(nfold)
        with open(fname_lgb, "wb") as f:
            pickle.dump(model, f, protocol=4)


        # evaluate
        y_tr_pred = model.predict_proba(x_tr)[:,1]
        y_va_pred = model.predict_proba(x_va)[:,1]
        metric_tr = roc_auc_score(y_tr, y_tr_pred)
        metric_va = roc_auc_score(y_va, y_va_pred)
        metrics.append([nfold, metric_tr, metric_va])
        print("[auc] tr:{:.4f}, va:{:.4f}".format(metric_tr, metric_va))


        # oof
        train_oof[idx_va] = y_va_pred


        # imp
        _imp = pd.DataFrame({"col":input_x.columns, "imp":model.feature_importances_, ⤷
"nfold":nfold})
        imp = pd.concat([imp, _imp])

    print("-"*20, "result", "-"*20)
    # metric
    metrics = np.array(metrics)
    print(metrics)
    print("[cv] tr:{:.4f}+-{:.4f}, va:{:.4f}+-{:.4f}".format(
        metrics[:,1].mean(), metrics[:,1].std(),
        metrics[:,2].mean(), metrics[:,2].std(),
    ))
    print("[oof] {:.4f}".format(
        roc_auc_score(input_y, train_oof)
    ))


    # oof
    train_oof = pd.concat([
        input_id,
        pd.DataFrame({"pred":train_oof})
    ], axis=1)
```

```
    # importance
    imp = imp.groupby("col")["imp"].agg(["mean", "std"]).reset_index(drop=False)
    imp.columns = ["col", "imp", "imp_std"]


    return train_oof, imp, metrics
```

　この関数を用い、改めて 5-fold 分の学習を実行します。引数の 1 つである params は
LightGBM のハイパーパラメータです。ここでは以下のような値を設定して実行します。5 モ
デル分を学習するため時間がかかりますが、学習の過程が表示されますのでそれを眺めながら
待ってください（精度が良くなる過程を見ているのは意外と楽しかったりします）。

スクリプト 7-18　学習処理の実行

```
# ハイパーパラメータの設定
params = {
    'boosting_type': 'gbdt',
    'objective': 'binary',
    'metric': 'auc',
    'learning_rate': 0.05,
    'num_leaves': 32,
    'n_estimators': 100000,
    "random_state": 123,
    "importance_type": "gain",
}


# 学習の実行
train_oof, imp, metrics = train_lgb(x_train,
                        y_train,
                        id_train,
                        params,
                        list_nfold=[0,1,2,3,4],
                        n_splits=5,
                        )
```

結果表示

```
------------------- 0 -------------------
(246008, 120) (61503, 120)
Training until validation scores don't improve for 100 rounds
[100] training's auc: 0.782506     valid_1's auc: 0.755903
[200] training's auc: 0.808961     valid_1's auc: 0.758356
[300] training's auc: 0.829245     valid_1's auc: 0.757774
Early stopping, best iteration is:
[217] training's auc: 0.812578     valid_1's auc: 0.758595
[auc] tr:0.8126, va:0.7586
------------------- 1 -------------------
（途中省略）
------------------- result -------------------
[[0.        0.81257796 0.75859528]
 [1.        0.8169515  0.7590332 ]
 [2.        0.83620918 0.7603778 ]
 [3.        0.82436296 0.7571206 ]
 [4.        0.81133335 0.75141465]]
[cv] tr:0.8203+-0.0092, va:0.7573+-0.0031
[oof] 0.7573
```

　説明変数の重要度を見て、どれが効いているかを確認します。「EXT_SOURCE_3」の重要度が一番高く、次いで「EXT_SOURCE_2」「ORGANIZATION_TYPE」が効いていることが分かります。

スクリプト 7-19　説明変数の重要度の確認

```
imp.sort_values("imp", ascending=False)[:10]
```

結果表示

	col	imp	imp_std
38	EXT_SOURCE_3	65353.907478	1558.201212
37	EXT_SOURCE_2	54545.388309	1251.798934
102	ORGANIZATION_TYPE	21441.917474	1450.246190
36	EXT_SOURCE_1	20051.934248	685.852224
1	AMT_CREDIT	8263.228728	410.384434
22	DAYS_BIRTH	7645.589110	689.458833
2	AMT_GOODS_PRICE	7263.054566	405.837031
0	AMT_ANNUITY	6762.953640	479.302045
23	DAYS_EMPLOYED	5810.288375	552.937730
101	OCCUPATION_TYPE	5502.675859	831.872392

7.3.6 モデル推論

モデル学習が終わったら、次に、そのモデルを使って推論処理を行います。

まずは推論用データセットを作成します。手順は学習用データセットの作成と同じです。推論データには目的変数である「TARGET」がないので、その部分の処理はありません。

スクリプト 7-20　推論用データセットの作成

```
# ファイルの読み込み
application_test = pd.read_csv("../input/home-credit-default-risk/application_test.csv")
application_test = reduce_mem_usage(application_test)

# データセットの作成
x_test = application_test.drop(columns=["SK_ID_CURR"])
id_test = application_test[["SK_ID_CURR"]]

# カテゴリ変数をcategory型に変換
for col in x_test.columns:
    if x_test[col].dtype=="O":
        x_test[col] = x_test[col].astype("category")
```

結果表示

```
Memory usage of dataframe is 45.00 MB
Memory usage after optimization is: 14.60 MB
Decreased by 67.6%
```

クロスバリデーション時の推論は、**図 7-9** のような流れで行います。

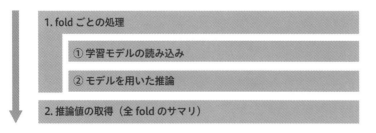

図 7-9　クロスバリデーション時の推論の流れ

　まずは「1. fold ごとの処理」について説明します。ここでは fold ごとに①と②の処理を行います。

① 学習モデルの読み込み（fold ごと）

保存したモデルのファイル名を指定して、学習したモデルを読み込みます。

スクリプト 7-21　学習済みモデルの読み込み

```python
with open("model_lgb_fold0.pickle", "rb") as f:
    model = pickle.load(f)
```

② モデルを用いた推論（fold ごと）

　ロードしたモデルを用いて推論処理を行います。5-fold クロスバリデーションでは5個のモデルがあるので、同じ推論データに対して5回推論を行います。この5個の推論値を格納できる変数を用意して、そこへ推論値を格納します。

スクリプト 7-22　学習済みモデルの読み込み

```python
# 推論
test_pred_fold = model.predict_proba(x_test)[:,1]

# 推論値を格納する変数を作成
test_pred = np.zeros((len(x_test), 5))

# 1-fold目の推論値を格納
test_pred[:, 0] = test_pred_fold
```

　最後に「2. 推論値の取得（全 fold のサマリ）」を行います。1つのデータに対して5個の推論値があるため、単純に平均値を計算して推論値とします。

スクリプト 7-23　推論用データセットの推論値算出

```python
# 各foldの推論値の平均値を算出
test_pred_mean = test_pred.mean(axis=1)

# 推論値のデータフレームを作成
```

```
df_test_pred = pd.concat([
        id_test,
        pd.DataFrame({"pred": test_pred_mean}),
    ], axis=1)
df_test_pred.head()
```

結果表示

	SK_ID_CURR	pred
0	100001	0.006572
1	100005	0.023874
2	100013	0.004233
3	100028	0.008966
4	100038	0.030794

学習と同様、推論処理も何度も実行することになるので関数化しておきます。

スクリプト 7-24　推論関数の定義

```
def predict_lgb(input_x,
                input_id,
                list_nfold=[0,1,2,3,4],
                ):
    pred = np.zeros((len(input_x), len(list_nfold)))
    for nfold in list_nfold:
        print("-"*20, nfold, "-"*20)
        fname_lgb = "model_lgb_fold{}.pickle".format(nfold)
        with open(fname_lgb, "rb") as f:
            model = pickle.load(f)
        pred[:, nfold] = model.predict_proba(input_x)[:,1]

    pred = pd.concat([
        input_id,
        pd.DataFrame({"pred": pred.mean(axis=1)}),
    ], axis=1)

    print("Done.")

    return pred
```

　推論用の関数を準備したら、テストデータを入力して推論処理を実行します。学習のときと違って推論処理では比較的短時間で処理が終わります。

スクリプト 7-25　推論処理の実行

```
test_pred = predict_lgb(x_test,
                        id_test,
                        list_nfold=[0,1,2,3,4],
                        )
```

結果表示

```
-------------------- 0 --------------------
-------------------- 1 --------------------
-------------------- 2 --------------------
-------------------- 3 --------------------
-------------------- 4 --------------------
Done.
```

　学習と推論はこれで完了です。最後に Kaggle に提出するためのファイルを作成します。コンペごとにフォーマットが決まっていますので、それに合わせて加工します。本コンペでは、ID である「SK_ID_CURR」と、予測値である「TARGET」の 2 カラムを持つ形式です。また、ファイルの拡張子は csv と指定されているので、to_csv を使ってファイルを出力します。出力できたら、第 4 章の手順に従ってサブミットしてみてください。このベースラインでは 1 テーブルしか使っていないため、スコアと順位は低いですがこの時点では気にしないでください。まずはベースラインを自力で作ることが大事です。

スクリプト 7-26　提出ファイルの作成

```
df_submit = test_pred.rename(columns={"pred":"TARGET"})
print(df_submit.shape)
display(df_submit.head())

# ファイル出力
df_submit.to_csv("submission_baseline.csv", index=None)
```

結果表示

(48744, 2)

	SK_ID_CURR	TARGET
0	100001	0.041810
1	100005	0.126400
2	100013	0.022495
3	100028	0.039680
4	100038	0.156628

7.4　特徴量エンジニアリング

　ベースラインが完成したら、次に特徴量エンジニアリングを開始します。第5章で説明した
ように、データを加工して説明変数を作成し、データセットに組み込んでモデルの評価値を算
出して、良し悪しを判断していきます。

　特徴量エンジニアリングでは、大きく「特徴量の生成」「モデル学習・評価」「特徴量の採用・
不採用の判断」を行います。この進め方は**図7-10**に示したように「(A)まとめて実施」と「(B)
小さいサイクルを回す」とが考えられます。(A)と(B)で同じ特徴量を作成した場合、何度
もモデル学習・評価・判断を行う(B)に比べて(A)の方が効率的に見えます。

　しかし、テーブル数やデータ項目数が多く、数多くの特徴量が作成できる場合、(A)の方
法だと目的変数にあまり寄与しないテーブルやデータの加工に時間をかけてしまう可能性があ
ります。このような場合は、まずどのテーブルが効きそうか、どのような特徴量が効きそうか
を知るためにも小さいサイクルを回す(B)の方が良いです。効くものと効かないものがはっ
きりすれば、どこに工数をかけるべきか分かるので効率的です。時間は有限なので「効率」は
実務においても重要な観点です。

図7-10　特徴量エンジニアリングの進め方

　（B）のメリットがもう 1 つあります。それは徐々に精度が良くなっていく過程を味わえることです。一気に精度が上がるのも気分は良いですが、徐々に階段を上ってスコアがアップしていく方が純粋に楽しいです。

　本節の例でも（B）の方法を採用し、小さいサイクルを回していきます。ここではサイクルの単位をテーブル単位とします。なお、テーブルが多いため、ここでは下記の 2 テーブルのみ説明します。

- application_train.csv
- POS_CASH_balance.csv

7.4.1 特徴量エンジニアリング：application_train.csv

　申し込み情報（application_train.csv）を用いて特徴量を作成します。このテーブルはベースライン作成でも利用しています。ベースライン作成の際には無加工のまま利用しましたが、ここではデータの異常値の確認・対処と、特徴量の生成を実施していきます。

● データの異常値の確認・対処

　「DAYS_EMPLOYED」は就労日数を示す変数です。日数が負の値で表記されているのですが、分布を確認すると一部「365243」という正の値が入っていることが分かります。おそらく「不明」あるいは「未就労」がこの値になっていると推測できますので、ここでは「365243」を欠損とみなすことにします。あくまで推測に基づく対処です。

　実務の場合、データの設計・管理をしている人にヒアリングし、その値の意味を確認した上で、対応を決めてください。

　ここで大事なのは、データ項目を1つずつ確認して、想定しているデータが入っているか、異常値が含まれていないかを確認することです。ベースラインを作ったあとでよいので、丁寧に見ていくことを忘れないでください。データの中身を見て、不明点や異常値を指摘・確認することは実務でも重要で、「この人はデータをしっかり見ているんだな」という信頼につながります。

スクリプト 7-27　データの確認

```
display(application_train["DAYS_EMPLOYED"].value_counts())
print("正の値の割合: {:.4f}".format((application_train["DAYS_EMPLOYED"]>0).mean()))
print("正の値の個数: {}".format((application_train["DAYS_EMPLOYED"]>0).sum()))
```

結果表示

```
365243    55374
-200        156
-224        152
-230        151
-199        151
            ...
```

```
-11060        1
-10409        1
-10155        1
-11948        1
-12341        1
Name: DAYS_EMPLOYED, Length: 12574, dtype: int64
正の値の割合: 0.1801
正の値の個数: 55374
```

スクリプト 7-28　欠損値の対処（null に置換）

```
application_train["DAYS_EMPLOYED"] = application_train["DAYS_EMPLOYED"].replace
(365243, np.nan)
```

● 特徴量の生成

　次に、データを加工して特徴量を生成します。まず仮説を考え、その仮説に基づいて特徴量を作成します。例えば以下のような仮説が考えられます（データの意味には推測も入っています）。これらは仮説なので間違っている可能性もあります。データセットに追加してモデル精度が上がるかどうかを確認することで有効性を判断します。

- [仮説 1] 所得金額が同じでも、家族人数が多い方が経済的な負担が大きいので貸し倒れしやすそう
  - ⇒ [特徴量 1] 総所得金額を世帯人数で割った値（家族 1 人あたりの総所得）
- [仮説 2] 所得金額が同じでも、就労期間が短い方が優秀で貸し倒れしにくそう
  - ⇒ [特徴量 2] 総所得金額を就労期間で割った値
- [仮説 3] 外部機関によるスコア（EXT_SOURCE_1 〜 3）が平均的に高い方が貸し倒れしにくそう
  - ⇒ [特徴量 3] 外部スコアの平均値（そのほかにも最大値・最小値なども追加）
- [仮説 4] 年齢に占める就労期間が長い方が貸し倒れしにくそう（離職可能性が低く支払い不能状態になりにくそう）
  - ⇒ [特徴量 4] 就労期間を年齢で割った値
- [仮説 5] 所得金額に占める年金支払額が少ない方が貸し倒れしにくそう
  - ⇒ [特徴量 5] 年金支払額を所得金額で割った値
- [仮説 6] 借入金に占める年金支払額が少ない方が貸し倒れしにくそう
  - ⇒ [特徴量 6] 年金支払額を借入金で割った値

　具体的には、以下のようなスクリプトで特徴量を作成します。

スクリプト 7-29　仮説に基づく特徴量生成

```python
# 特徴量1: 総所得金額を世帯人数で割った値
application_train['INCOME_div_PERSON'] = application_train['AMT_INCOME_TOTAL'] /
application_train['CNT_FAM_MEMBERS']


# 特徴量2: 総所得金額を就労期間で割った値
application_train['INCOME_div_EMPLOYED'] = application_train['AMT_INCOME_TOTAL'] /
application_train['DAYS_EMPLOYED']


# 特徴量3: 外部スコアの平均値など
application_train["EXT_SOURCE_mean"] = application_train[["EXT_SOURCE_1", "EXT_SOURCE
_2", "EXT_SOURCE_3"]].mean(axis=1)
application_train["EXT_SOURCE_max"] = application_train[["EXT_SOURCE_1", "EXT_SOURCE_
2", "EXT_SOURCE_3"]].max(axis=1)
application_train["EXT_SOURCE_min"] = application_train[["EXT_SOURCE_1", "EXT_SOURCE_
2", "EXT_SOURCE_3"]].min(axis=1)
application_train["EXT_SOURCE_std"] = application_train[["EXT_SOURCE_1", "EXT_SOURCE_
2", "EXT_SOURCE_3"]].std(axis=1)
application_train["EXT_SOURCE_count"] = application_train[["EXT_SOURCE_1", "EXT_SOURCE
_2", "EXT_SOURCE_3"]].notnull().sum(axis=1)


# 特徴量4: 就労期間を年齢で割った値
application_train['DAYS_EMPLOYED_div_BIRTH'] = application_train['DAYS_EMPLOYED'] /
application_train['DAYS_BIRTH']


# 特徴量5: 年金支払額を所得金額で割った値
application_train['ANNUITY_div_INCOME'] = application_train['AMT_ANNUITY'] /
application_train['AMT_INCOME_TOTAL']


# 特徴量6: 年金支払額を借入金で割った値
application_train['ANNUITY_div_CREDIT'] = application_train['AMT_ANNUITY'] /
application_train['AMT_CREDIT']
```

　このほか、仮説に基づくことなく、説明変数同士の四則演算をすることでも特徴量を作成できます。ただし、このような特徴量は大量に作成できますし、モデルにとってノイズとなる可

能性もあります。データセットが大きくなると多くの学習時間を要するので、まずは仮説ベースで作成するのがお勧めです。

　特徴量を追加したら、改めて学習用のデータセットを作成します。

スクリプト 7-30　データセットの作成

```
x_train = application_train.drop(columns=["TARGET", "SK_ID_CURR"])
y_train = application_train["TARGET"]
id_train = application_train[["SK_ID_CURR"]]


for col in x_train.columns:
    if x_train[col].dtype=="O":
        x_train[col] = x_train[col].astype("category")
```

　更新した学習用のデータセットを用いて、学習を実行します。

スクリプト 7-31　モデル学習

```
train_oof, imp, metrics = train_lgb(x_train,
                                    y_train,
                                    id_train,
                                    params,
                                    list_nfold=[0,1,2,3,4],
                                    n_splits=5,
                                    )
```

結果表示

```
(省略)
------------------ result ------------------
[[0.        0.85845312 0.76414814]
 [1.        0.8471186  0.76754005]
 [2.        0.85191008 0.76791531]
 [3.        0.86911764 0.76531788]
 [4.        0.86192285 0.76084707]]
[cv] tr:0.8577+-0.0077, va:0.7652+-0.0026
[oof] 0.7651
```

　評価値のスコアは AUC(cv)=0.7652 となっており、ベースラインのスコア（0.7573）と比較すると少しだけ上昇しています。前処理や特徴量追加の効果があったことを確認できました。

　次に、重要度についても確認してみます。「EXT_SOURCE_mean」や「ANNUITY_div_CREDIT」などの追加した特徴量が上位に来ていることが確認できます。

スクリプト 7-32 説明変数の重要度の確認

```
imp.sort_values("imp", ascending=False)[:10]
```

結果表示

	col	imp	imp_std
44	EXT_SOURCE_mean	114005.214702	1381.645644
10	ANNUITY_div_CREDIT	23720.301550	805.397477
112	ORGANIZATION_TYPE	22660.210567	1372.230448
41	EXT_SOURCE_3	12046.854638	886.653726
24	DAYS_BIRTH	8108.684084	578.972393
45	EXT_SOURCE_min	7727.391587	314.203161
39	EXT_SOURCE_1	7155.619219	472.422492
2	AMT_GOODS_PRICE	6148.167858	364.159044
0	AMT_ANNUITY	6091.805210	581.987900
46	EXT_SOURCE_std	5830.390690	679.963947

　推論用データセットの作成は、学習データと同じように処理します。

スクリプト 7-33 推論用データのデータセット作成

```
# nullに置き換え
application_test["DAYS_EMPLOYED"] = application_test["DAYS_EMPLOYED"].replace(365243,
np.nan)

# 特徴量の生成
application_test['INCOME_div_PERSON'] = application_test['AMT_INCOME_TOTAL'] /
application_test['CNT_FAM_MEMBERS']
application_test['INCOME_div_EMPLOYED'] = application_test['AMT_INCOME_TOTAL'] /
application_test['DAYS_EMPLOYED']
application_test["EXT_SOURCE_mean"] = application_test[["EXT_SOURCE_1", "EXT_SOURCE_2"
, "EXT_SOURCE_3"]].mean(axis=1)
```

第7章

```
application_test["EXT_SOURCE_max"] = application_test[["EXT_SOURCE_1", "EXT_SOURCE_2"
, "EXT_SOURCE_3"]].max(axis=1)
application_test["EXT_SOURCE_min"] = application_test[["EXT_SOURCE_1", "EXT_SOURCE_2"
, "EXT_SOURCE_3"]].min(axis=1)
application_test["EXT_SOURCE_std"] = application_test[["EXT_SOURCE_1", "EXT_SOURCE_2"
, "EXT_SOURCE_3"]].std(axis=1)
application_test["EXT_SOURCE_count"] = application_test[["EXT_SOURCE_1", "EXT_SOURCE_
2", "EXT_SOURCE_3"]].notnull().sum(axis=1)
application_test['DAYS_EMPLOYED_div_BIRTH'] = application_test['DAYS_EMPLOYED'] /
application_test['DAYS_BIRTH']
application_test['ANNUITY_div_INCOME'] = application_test['AMT_ANNUITY'] / applicatio
n_test['AMT_INCOME_TOTAL']
application_test['ANNUITY_div_CREDIT'] = application_test['AMT_ANNUITY'] / applicatio
n_test['AMT_CREDIT']

# データセット作成
x_test = application_test.drop(columns=["SK_ID_CURR"])
id_test = application_test[["SK_ID_CURR"]]

# カテゴリ変数をcategory型へ変換
for col in x_test.columns:
    if x_test[col].dtype=="O":
        x_test[col] = x_test[col].astype("category")
```

推論処理についても、ベースラインのときの関数を利用して実行します。

スクリプト 7-34　推論処理

```
test_pred = predict_lgb(x_test,
                        id_test,
                        list_nfold=[0,1,2,3,4],
                        )
```

結果表示

```
------------------- 0 -------------------
------------------- 1 -------------------
------------------- 2 -------------------
------------------- 3 -------------------
------------------- 4 -------------------
Done.
```

提出ファイルもベースラインのときと同様の方法で作成します。

スクリプト 7-35 提出ファイルの作成

```
df_submit = test_pred.rename(columns={"pred":"TARGET"})
print(df_submit.shape)
display(df_submit.head())
df_submit.to_csv("submission_FeatureEngineering1.csv", index=None)
```

結果表示

```
(48744, 2)
```

	SK_ID_CURR	TARGET
0	100001	0.029002
1	100005	0.121782
2	100013	0.022668
3	100028	0.044435
4	100038	0.181940

以上で、application_train.csv についての特徴量エンジニアリングは終了です。

7.4.2 特徴量エンジニアリング：POS_CASH_balance.csv

　続いて、別テーブルである POS_CASH_balance.csv ファイルを利用した特徴量作成例を説明します。

　まずはファイルを読み込みます。

スクリプト7-36 ファイル読み込み

```
pos = pd.read_csv("../input/home-credit-default-risk/POS_CASH_balance.csv")
pos = reduce_mem_usage(pos)
print(pos.shape)
pos.head()
```

結果表示

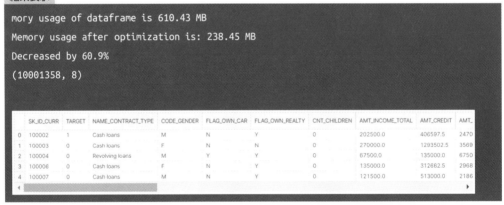

```
mory usage of dataframe is 610.43 MB
Memory usage after optimization is: 238.45 MB
Decreased by 60.9%
(10001358, 8)
```

	SK_ID_CURR	TARGET	NAME_CONTRACT_TYPE	CODE_GENDER	FLAG_OWN_CAR	FLAG_OWN_REALTY	CNT_CHILDREN	AMT_INCOME_TOTAL	AMT_CREDIT	AMT_
0	100002	1	Cash loans	M	N	Y	0	202500.0	406597.5	2470
1	100003	0	Cash loans	F	N	N	0	270000.0	1293502.5	3569
2	100004	0	Revolving loans	M	Y	Y	0	67500.0	135000.0	6750
3	100006	0	Cash loans	F	N	Y	0	135000.0	312682.5	2968
4	100007	0	Cash loans	M	N	Y	0	121500.0	513000.0	2186

　ローン申し込みを一意に特定するキーは「SK_ID_CURR」です。application_train.csv ではこのキーがユニークな ID になっています。ところが、POS_CASH_balance.csv ではこの ID が複数行に存在しており、2 つのテーブルは 1 対 N の関係にあります。そのため 2 つのテーブルを結合するには、まず SK_ID_CURR をキーにして、POS_CASH_balance.csv を集約処理する必要があります。

　しかし、このテーブルには数値とカテゴリ変数の両方があるため少々厄介です。ここから先の説明は少し複雑なので、カテゴリ変数の場合を図で説明します。

　カテゴリ変数の集約処理では一度数値に変換する必要があります。手順は以下のとおりです。

① カテゴリ変数を one-hot-encoding で数値に変換する

② SK_ID_CURR を集約キーにして集約処理

③ SK_ID_CURR を結合キーにして application_train テーブルと結合する

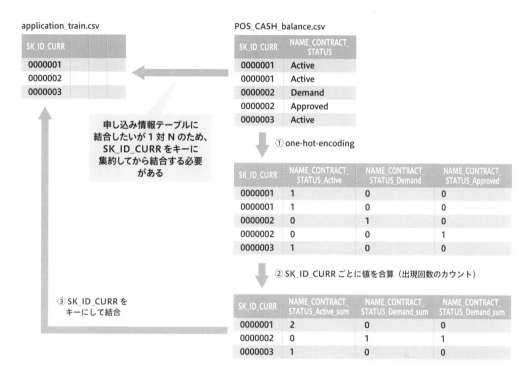

図 7-11　処理の流れ

　まず①の処理は、「pd.get_dummies」を使うことで簡単に処理できます。作成された変数は次の集約処理で利用するため、その変数名リストを作成します。

スクリプト 7-37　①カテゴリ変数を one-hot-encoding で数値に変換

```
pos_ohe = pd.get_dummies(pos, columns=["NAME_CONTRACT_STATUS"], dummy_na=True)
col_ohe = sorted(list(set(pos_ohe.columns) - set(pos.columns)))
print(len(col_ohe))
col_ohe
```

結果表示

10

```
['NAME_CONTRACT_STATUS_Active',
 'NAME_CONTRACT_STATUS_Amortized debt',
 'NAME_CONTRACT_STATUS_Approved',
 'NAME_CONTRACT_STATUS_Canceled',
 'NAME_CONTRACT_STATUS_Completed',
 'NAME_CONTRACT_STATUS_Demand',
 'NAME_CONTRACT_STATUS_Returned to the store',
 'NAME_CONTRACT_STATUS_Signed',
 'NAME_CONTRACT_STATUS_XNA',
 'NAME_CONTRACT_STATUS_nan']
```

　次に、SK_ID_CURR をキーにして集約処理をします。どの変数に対してどのような集約処理（平均値や標準偏差など）をするかは、変数の意味などを考慮して決めてください。数値では、平均値／標準偏差／最小値／最大値がお勧めです。

　一方、カテゴリ変数には合計や平均値がお勧めです。ここでは平均値としています。

スクリプト 7-38　② SK_ID_CURR をキーに集約処理

```python
pos_ohe_agg = pos_ohe.groupby("SK_ID_CURR").agg(
    {
        # 数値の集約
        "MONTHS_BALANCE": ["mean", "std", "min", "max"],
        "CNT_INSTALMENT": ["mean", "std", "min", "max"],
        "CNT_INSTALMENT_FUTURE": ["mean", "std", "min", "max"],
        "SK_DPD": ["mean", "std", "min", "max"],
        "SK_DPD_DEF": ["mean", "std", "min", "max"],
        # カテゴリ変数をone-hot-encodingした値の集約
        "NAME_CONTRACT_STATUS_Active": ["mean"],
        "NAME_CONTRACT_STATUS_Amortized debt": ["mean"],
        "NAME_CONTRACT_STATUS_Approved": ["mean"],
        "NAME_CONTRACT_STATUS_Canceled": ["mean"],
        "NAME_CONTRACT_STATUS_Completed": ["mean"],
        "NAME_CONTRACT_STATUS_Demand": ["mean"],
        "NAME_CONTRACT_STATUS_Returned to the store": ["mean"],
        "NAME_CONTRACT_STATUS_Signed": ["mean"],
        "NAME_CONTRACT_STATUS_XNA": ["mean"],
        "NAME_CONTRACT_STATUS_nan": ["mean"],
        # IDのユニーク数をカウント (ついでにレコード数もカウント)
```

```
        "SK_ID_PREV":["count", "nunique"],
    }
)

# カラム名の付与
pos_ohe_agg.columns = [i + "_" + j for i,j in pos_ohe_agg.columns]
pos_ohe_agg = pos_ohe_agg.reset_index(drop=False)


print(pos_ohe_agg.shape)
pos_ohe_agg.head()
```

結果表示

```
(337252, 32)
```

	SK_ID_CURR	MONTHS_BALANCE_mean	MONTHS_BALANCE_std	MONTHS_BALANCE_min	MONTHS_BALANCE_max	CNT_INSTALMENT_mean	CNT_INSTALMENT_std
0	100001	-72.555556	20.863312	-96	-53	4.000000	0.000000
1	100002	-10.000000	5.627314	-19	-1	24.000000	0.000000
2	100003	-43.785714	24.640162	-77	-18	10.109375	2.806597
3	100004	-25.500000	1.290994	-27	-24	3.750000	0.500000
4	100005	-20.000000	3.316625	-25	-15	11.703125	0.948683

最後の③ではテーブルを結合します。

スクリプト 7-39 ③ SK_ID_CURR をキーにして結合

```
df_train = pd.merge(application_train, pos_ohe_agg, on="SK_ID_CURR", how="left")
print(df_train.shape)
df_train.head()
```

結果表示

```
(307511, 164)
```

	SK_ID_CURR	TARGET	NAME_CONTRACT_TYPE	CODE_GENDER	FLAG_OWN_CAR	FLAG_OWN_REALTY	CNT_CHILDREN	AMT_INCOME_TOTAL	AMT_CREDIT	AMT_
0	100002	1	Cash loans	M	N	Y	0	202500.0	406597.5	2470
1	100003	0	Cash loans	F	N	N	0	270000.0	1293502.5	3569
2	100004	0	Revolving loans	M	Y	Y	0	67500.0	135000.0	6750
3	100006	0	Cash loans	F	N	Y	0	135000.0	312682.5	2968
4	100007	0	Cash loans	M	N	Y	0	121500.0	513000.0	2186

結合したテーブルを使って学習用のデータセットを作成します。

スクリプト 7-40 データセットの作成

```
x_train = df_train.drop(columns=["TARGET", "SK_ID_CURR"])
y_train = df_train["TARGET"]
id_train = df_train[["SK_ID_CURR"]]


for col in x_train.columns:
    if x_train[col].dtype=="0":
        x_train[col] = x_train[col].astype("category")
```

これまでと同じように、このデータセットを用いて学習を行います。

スクリプト 7-41 モデル学習

```
train_oof, imp, metrics = train_lgb(x_train,
                                    y_train,
                                    id_train,
                                    params,
                                    list_nfold=[0,1,2,3,4],
                                    n_splits=5,
                                    )
```

結果表示

```
(省略)
------------------- result -------------------
[[0.         0.85779976 0.77186119]
 [1.         0.87444951 0.77606599]
 [2.         0.86623291 0.77456898]
 [3.         0.84744891 0.7721198 ]
 [4.         0.84670208 0.76551935]]
[cv] tr:0.8585+-0.0107, va:0.7720+-0.0036
[oof] 0.7720
```

評価値のスコアは AUC(cv)=0.7720 となり、application_train.csv だけを使った場合（0.7652）よりもさらに改善しています。テーブル追加による効果があったことになります。

説明変数の重要度を確認すると、追加した説明変数である「CNT_INSTALMENT_

FUTURE_mean」と「MONTHS_BALANCE_std」が上位に入っています。

スクリプト 7-42 説明変数の重要度の確認

```
imp.sort_values("imp", ascending=False)[:10]
```

結果表示

	col	imp	imp_std
52	EXT_SOURCE_mean	112438.907936	1217.139287
134	ORGANIZATION_TYPE	21573.968751	1044.080966
10	ANNUITY_div_CREDIT	18349.279658	1039.471604
49	EXT_SOURCE_3	10710.855987	490.719084
53	EXT_SOURCE_min	7021.835349	444.955386
32	DAYS_BIRTH	6666.389282	814.801948
47	EXT_SOURCE_1	6605.474412	601.782028
21	CNT_INSTALMENT_FUTURE_mean	6289.278576	365.694448
0	AMT_ANNUITY	5563.190447	368.625974
108	MONTHS_BALANCE_std	5340.370365	466.201881

　推論についても同様の手順で進めます。推論用のデータセットを作成して、それを学習済み
モデルに入力することで推論データを作成します。

スクリプト 7-43 推論用のデータセット作成

```
# テーブル結合
df_test = pd.merge(application_test, pos_ohe_agg, on="SK_ID_CURR", how="left")

# データセット作成
x_test = df_test.drop(columns=["SK_ID_CURR" ])
id_test = df_test[["SK_ID_CURR"]]

# カテゴリ変数をcategory型へ変換
for col in x_test.columns:
    if x_test[col].dtype=="O":
        x_test[col] = x_test[col].astype("category")
```

スクリプト 7-44 推論用データセットを用いた推論処理

```
test_pred = predict_lgb(x_test,
                        id_test,
```

```
                    list_nfold=[0,1,2,3,4],
                )
```

結果表示

```
------------------ 0 ------------------
------------------ 1 ------------------
------------------ 2 ------------------
------------------ 3 ------------------
------------------ 4 ------------------
```

　最後の提出ファイルの作成も同じです。ファイル名だけ変えています。

スクリプト 7-45　提出ファイルの作成

```
df_submit = test_pred.rename(columns={"pred":"TARGET"})
print(df_submit.shape)
display(df_submit.head())
df_submit.to_csv("submission_FeatureEngineering2.csv", index=None)
```

結果表示

```
(48744, 2)
```

	SK_ID_CURR	TARGET
0	100001	0.032163
1	100005	0.104400
2	100013	0.025425
3	100028	0.047522
4	100038	0.210907

　ここまではテーブルを 2 個使って、前処理と特徴量生成を行ってきました。これらの 2 テーブルについてもまだまだ特徴量作成の余地がありますし、まだ使っていないテーブルが 5 個もあります。ここまでの内容を参考にして、試行錯誤してみてください。

　今回の例では、評価値が改善した成功例を示しましたが、改善が見られなかったり、悪化してしまったりすることもあります。というか、むしろうまくいかないケースの方が多いと思います。そのような場合、追加した特徴量を不採用にすることになります。せっかくの努力が水

の泡になりますが、ない方がよい特徴量も存在するので不採用の判断は重要です。

　精度改善に一番貢献するのは「特徴量エンジニアリング」です。ベースラインが完成したあとは、この作業にほとんどの時間を割いていきます。とにかく諦めずにトライアンドエラーを繰り返してください。心が折れそうなときもあると思いますが、精度改善したときはそんなものが吹っ飛ぶくらい興奮しますし心躍ります。この楽しさをまず一度経験してみてください。きっと病みつきになると思います。

第7章

7.5 モデルチューニング

　特徴量エンジニアリングがひと段落したら、次にモデルチューニングを行います。ここでは optuna を用いて、LightGBM のハイパーパラメータを自動チューニングします。

　本コンペのデータはレコードもカラムも多く、1 回の学習に多くの時間を要します。ハイパーパラメータの自動チューニングを 200 回試行する場合、1 回の試行に 15 分かかると仮定すると、50 時間かかることになります（並列処理しない場合）。

　このため、自動チューニングをするときは「1 回あたりの処理時間」と、「どれだけ待てるか」「並列化数」を考慮して、探索回数を決めてください。CPU やメモリなどのマシンリソースを占有してしまい、分析作業が止まってしまうので、この事前の試算は意外と重要です。

　また、あまりにデータ量が多い場合や、1 回あたりの学習時間が長い場合には、以下のような方法によって処理時間を短縮できます。ただ、サンプリングや一部 fold に絞るため、ベストなハイパーパラメータの値が取得できない可能性はあります。とは言え、何もチューニングしないよりは良い値が得られるはずです。

- 重要度を用いて説明変数を絞り込む（例：上位 100 個に絞り込む）
- データをサンプリングする（例：10 分の 1 にサンプリング）
- 一部の fold だけで学習する（例：5fold のうち最初の 1fold 目のみ学習する）
- 学習率を上げる（例：0.05 を 0.1 に上げる）

　これらのうち、今回は「一部の fold だけ学習」を利用し、1fold 目のみ学習させます。これだけでも、5fold と比べると学習時間は 5 分の 1 になります。

　参考までに、「重要度を用いて説明変数を絞り込む」ときのスクリプト例を説明します。このスクリプトでは、説明変数の重要度を用いて、上位 100 個の説明変数リストを作成しています。絞り込む個数を制御することで、学習時間を減らすことができます（以降ではこれは使いません）。

スクリプト 7-46　重要度を用いて絞り込んだ特徴量リストの作成（以降では利用しない）

```
col_filter = sorted(list(imp.sort_values("imp", ascending=False)[:100]["col"]))
```

7.5.1 optuna による自動チューニングの実行

　ここからは実際に optuna を使ったハイパーパラメータの自動チューニングをしていきます。まずは optuna ライブラリをインポートします。そして、学習用データセットを用意します。これは前項（7.4.2）のスクリプト 7-39 と 7-40 で作ったものを利用します。

スクリプト 7-47 optuna ライブラリのインポート

```
import optuna
```

スクリプト 7-48 学習用のデータセット作成

```
x_train = df_train.drop(columns=["TARGET", "SK_ID_CURR"])
y_train = df_train["TARGET"]
id_train = df_train[["SK_ID_CURR"]]


for col in x_train.columns:
    if x_train[col].dtype=="O":
        x_train[col] = x_train[col].astype("category")
```

　次に、目的関数を定義します。第 6 章のスクリプト 6-2 をカスタマイズして作成します。カスタマイズする箇所は、「1 つめの fold のみ学習」「評価指標を AUC にする」の 2 点です。スクリプト 7-49 の太字部分が変更箇所です。

スクリプト 7-49 目的関数の定義

```
# 探索しないハイパーパラメータ
params_base = {
    "boosting_type": "gbdt",
    "objective": "binary",
    "metric": "auc",
    "verbosity": -1,
    "learning_rate": 0.05,
    "n_estimators": 100000,
    "bagging_freq": 1,
}
```

```python
# 目的関数の定義
def objective(trial):
    # 探索するハイパーパラメータ
    params_tuning = {
        "num_leaves": trial.suggest_int("num_leaves", 8, 256),
        "min_child_samples": trial.suggest_int("min_child_samples", 5, 200),
        "min_sum_hessian_in_leaf": trial.suggest_float("min_sum_hessian_in_leaf", 1e-
5, 1e-2, log=True),
        "feature_fraction": trial.suggest_float("feature_fraction", 0.5, 1.0),
        "bagging_fraction": trial.suggest_float("bagging_fraction", 0.5, 1.0),
        "lambda_l1": trial.suggest_float("lambda_l1", 1e-2, 1e+2, log=True),
        "lambda_l2": trial.suggest_float("lambda_l2", 1e-2, 1e+2, log=True),
    }
    params_tuning.update(params_base)

    # モデル学習・評価:
    list_metrics = []
    cv = list(StratifiedKFold(n_splits=5, shuffle=True, random_state=123).split(x_
train, y_train))
    list_fold = [0]   # 処理高速化のために1つめのfoldのみとする。
    for nfold in list_fold:
        idx_tr, idx_va = cv[nfold][0], cv[nfold][1]
        x_tr, y_tr = x_train.loc[idx_tr, :], y_train[idx_tr]
        x_va, y_va = x_train.loc[idx_va, :], y_train[idx_va]
        model = lgb.LGBMClassifier(**params)
        model.fit(x_tr,
                  y_tr,
                  eval_set=[(x_tr,y_tr), (x_va,y_va)],
                  early_stopping_rounds=100,
                  verbose=0,
                  )
        y_va_pred = model.predict_proba(x_va)[:,1]
        metric_va = roc_auc_score(y_va, y_va_pred) # 評価指標をAUCにする
        list_metrics.append(metric_va)

    # 評価指標の算出
    metrics = np.mean(list_metrics)

    return metrics
```

　目的関数の準備ができたら、試行回数（n_trial）と並列数（n_jobs）を設定して、ハイパーパラメータの探索を開始します。ここでは試行回数を50回、並列化数を5個としています。モデル学習を1-fold分にすることで処理時間が短縮され、1時間弱で完了します。なお、並列化時は結果が毎回異なります。再現性が必要な場合は並列化なし（n_jobs=1）としてください。

スクリプト 7-50　最適化処理（探索の実行）

```python
sampler = optuna.samplers.TPESampler(seed=123)
study = optuna.create_study(sampler=sampler, direction="maximize")
study.optimize(objective, n_trials=50, n_jobs=5) # 並列化のため探索結果は毎回変化
```

結果表示

```
[I 2022-03-13 08:11:11,521] A new study created in memory with name: no-name-0e895af3-
2279-4f1b-976d-b8d5f20cc6cd
[I 2022-03-13 08:14:12,395] Trial 1 finished with value: 0.7713736899033979 and
parameters: {'num_leaves': 75, 'min_child_samples': 20, 'min_sum_hessian_in_leaf':
0.0041289382687998265, 'feature_fraction': 0.7757195852018877, 'bagging_fraction':
0.6740961625668276, 'lambda_l1': 0.1084601931902001, 'lambda_l2': 10.948742244422448}.
Best is trial 1 with value: 0.7713736899033979.

（省略）

[I 2022-03-13 08:58:01,950] Trial 48 finished with value: 0.7743000536815118 and
parameters: {'num_leaves': 8, 'min_child_samples': 118, 'min_sum_hessian_in_leaf':
0.0015479096467566004, 'feature_fraction': 0.8167108788068809, 'bagging_fraction':
0.6928879098772345, 'lambda_l1': 0.6796027064746353, 'lambda_l2': 98.36478941651525}.
Best is trial 27 with value: 0.7755227695428009.
```

　探索が完了したら、探索結果を確認します。チューニング前だと1fold目のAUCは0.7719でしたが、チューニングすることで0.7755へと、若干ですがよくなっています。時間があれば試行回数を増やし、さらに5-foldに増やして実行してみてください。これよりもよいハイパーパラメータが見つかるかもしれません。

探索結果の確認

```
trial = study.best_trial
print("auc(best)={:.4f}".format(trial.value))
display(trial.params)
```

結果表示

```
auc(best)=0.7755
{'num_leaves': 37,
 'min_child_samples': 88,
 'min_sum_hessian_in_leaf': 0.005732584274231031,
 'feature_fraction': 0.5543032670791013,
 'bagging_fraction': 0.822597249124996,
 'lambda_l1': 1.2304356927093534,
 'lambda_l2': 0.7544544265460047}
```

固定にしていた値も含めて、ハイパーパラメータ全体の値を params_best として設定します。

スクリプト 7-52 ベストなハイパーパラメータの取得

```
params_best = trial.params
params_best.update(params_base)
display(params_best)
```

結果表示

```
{'num_leaves': 37,
 'min_child_samples': 88,
 'min_sum_hessian_in_leaf': 0.005732584274231031,
 'feature_fraction': 0.5543032670791013,
 'bagging_fraction': 0.822597249124996,
 'lambda_l1': 1.2304356927093534,
 'lambda_l2': 0.7544544265460047,
 'boosting_type': 'gbdt',
 'objective': 'binary',
 'metric': 'auc',
 'verbosity': -1,
 'learning_rate': 0.05,
```

```
'n_estimators': 100000,
'bagging_freq': 1}
```

このハイパーパラメータを用いて、モデル学習を実行してみます。ハイパーパラメータをチューニングする前は AUC(cv)=0.7720 でしたが、チューニング後は 0.7749 と、AUC の値がほんの少しだけよくなりました。

スクリプト 7-53 ベストなハイパーパラメータを用いたモデル学習

```
train_oof, imp, metrics = train_lgb(x_train,
                                    y_train,
                                    id_train,
                                    list_nfold=[0,1,2,3,4],
                                    n_splits=5,
                                    params=params_best,
                                    )
```

結果表示

```
（省略）
------------------- result -------------------
[[0.         0.87285409 0.77552277]
 [1.         0.84987187 0.77814323]
 [2.         0.84046485 0.7760031 ]
 [3.         0.85479147 0.77456745]
 [4.         0.88130796 0.77013137]]
[cv] tr:0.8599+-0.0150, va:0.7749+-0.0026
[oof] 0.7748
```

最後に推論処理を行って、提出ファイルを作成します。データセットは前項（7.4.2）のスクリプト 7-43 で作ったものを利用します。

スクリプト 7-54 推論データ作成とモデル推論

```
# 推論用のデータセット作成
x_test = df_test.drop(columns=["SK_ID_CURR"])
id_test = df_test[["SK_ID_CURR"]]
```

```
# カテゴリ変数をcategory型へ変換
for col in x_test.columns:
    if x_test[col].dtype=="O":
        x_test[col] = x_test[col].astype("category")


# predict
test_pred = predict_lgb(x_test,
                        id_test,
                        list_nfold=[0,1,2,3,4],
                        )


# make submission-file
df_submit = test_pred.rename(columns={"pred":"TARGET"})
print(df_submit.shape)
display(df_submit.head())
df_submit.to_csv("submission_HyperParameterTuning.csv", index=None)
```

結果表示

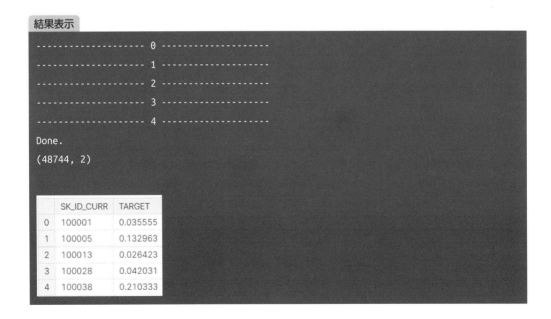

```
------------------- 0 -------------------
------------------- 1 -------------------
------------------- 2 -------------------
------------------- 3 -------------------
------------------- 4 -------------------
Done.
(48744, 2)
```

	SK_ID_CURR	TARGET
0	100001	0.035555
1	100005	0.132963
2	100013	0.026423
3	100028	0.042031
4	100038	0.210333

　以上で Home Credit Default Risk の分析の進め方の例を終わりとします。特徴量エンジニアリングもモデルチューニングもまだまだできることはあります。是非本章を参考にして試行錯誤し、さらなる精度改善を目指してみてください。

最後に、今回作成したモデルにおける「cv」「public」「private」のスコアを載せておきます。

表 7-3 評価値（AUC）の一覧

#	モデル （提出ファイル名）	cv Score	Public Score	Private Score
1	ベースラインモデル (submission_baseline.csv)	0.7573	0.74539	0.74477
2	application_train.csv の特徴量追加モデル (submission_FeatureEngineering1.csv)	0.7652	0.76371	0.76129
3	POS_CASH_balance.csv の特徴量追加モデル (submission_FeatureEngineering2.csv)	0.7720	0.77029	0.76745
4	ハイパーパラメータチューニングしたモデル (submission_HyperParameterTuning.csv)	0.7749	0.77319	0.76956

第7章

Column

コラム⑦：Home Credit Default Risk コンペの思い出

　このコンペは、筆者がはじめて本格的に参加した Kaggle コンペでした。ちょうど夏休み時期に重なって開催されていたこともあり、休みのすべてをここに投入しました。ある意味充実した夏休みでした（笑）。

　このコンペを選んだのは、その当時、仕事で同様のタスクをやっていたからでした。結果として業務にも役立ちましたし、自身のスキルアップにもとても役立ちました。特に Discussion や公開 Notebook には驚きました。コンペ開催中に、まさかこんなに情報を公開しているとは思いませんでした。

　Kaggle コンペに参加する前は独学でスクリプトを書いていたので、公開 Notebook の綺麗なコードを見て感動したことを覚えています。このコンペで、自身のコードの書き方が一変しました。それを自分に合った形にしたものが本書で書いているコードです。

　参加者のレベルも高く、最初のサブミットはほぼビリの方だったと思います。それでも Discussion や公開 Notebook を参考にして試行錯誤した結果、最終的には初参加にもかかわらず銀メダルを取ることができました。しかし、メダル以上に得たものが多いコンペでした。

第 **8** 章

回帰問題のコンペ

MLB Player Digital Engagement Forecasting コンペの概要

　本章でも引き続き、過去のコンペを題材にして、分析の進め方を説明していきます。第 7 章では「2 値分類タスク」を取り上げましたので、第 8 章では「回帰タスク」の事例を取り上げることにします。

　取り上げるコンペは、「MLB Player Digital Engagement Forecasting」です。本コンペは MLB 選手のデジタルエンゲージメントを予測するものとなります。予測したいデジタルエンゲージメントは数値データで、0 ～ 100 の間の連続値となっています。

　「デジタルエンゲージメント」は聞きなれない言葉かもしれません。一般的には、企業と顧客や、選手とファンなどの 2 者間の「デジタルのつながり」を指すものです。本コンペにおける詳細な意味は詳しく語られてはいないため想像になりますが、「Twitter や Facebook 等への書き込み数などに基づき、選手の注目度や人気度合いを数値化したもの」だと思われます。

　また、本コンペは「Code Competition」と呼ばれ、推論結果ファイルではなく、「推論値を導出するコード（スクリプト）」を提出するタイプのコンペになります。

　特徴としては、「未来のデータに対して推論処理を行える」ことです。Kaggle の提供する「Time-series API」を利用することで、逐次的にデータを受け取って推論処理をすることが可能となります。イメージとしてはより実践に近い形での推論と評価が行えるということです。

　というのも、通常のコンペではこのような仕組みがなかったので、推論用データを事前に配布せざるを得ませんでした。このため、本来は見ることができない推論用データを予測精度向上に活用することも可能でした。Code Competition では、このようなテクニックは利用できません。また、実行を運営側で行うため、分析環境や推論時間の制約を付けることができるようになり、「モデルを 1000 個作ってアンサンブルする」みたいなアプローチは実質できなくなっています。

　この「Code Competition」は最近どんどん増えています。実装力を鍛えることもできるため、個人的にはとても良い仕組みだと思っています。これからも増えていってほしいです。

図 8-1　MLB Player Digital Engagement Forecasting コンペのページ

コンペの概要や評価指標は以下に記載されています。

- **コンペの概要**：「Overview」＞「Description」
- **評価指標**：「Overview」＞「Evaluation」
- **提供されているファイル**：「Data」＞「Data Description」

これらについて簡単に説明します。詳細はコンペページを見てください。

● コンペの概要

　MLB 選手一人ひとりのデジタルエンゲージメントを日単位で予測するタスクです。「デジタルエンゲージメント」とは、本節の冒頭に書いたように「Twitter や Facebook 等への書き込み数などに基づき、選手の注目度や人気度合いを数値化したもの」です。

　このデジタルエンゲージメントは 4 種類設定されており、それぞれ「target1」「target2」「target3」「target4」と名付けられています。想像になりますが、「target1 は Twitter に基づくデジタルエンゲージメント」「target2 は Facebook に基づくデジタルエンゲージメント」などのようにメディアごとの値ではないかと思われます（公開されていないため詳細は不明）。

　コンペのおおまかなルールは以下のとおりです。本コンペは「コード提出可能期間」と「評価期間」に分かれていて、コード提出可能期間は 2021 年 7 月 31 日までで、評価期間は 8 月の 1 カ月となっています。

- **目的変数：**翌日のデジタルエンゲージメント（MLB 選手ごと、毎日）
- **評価対象者：**MLB 選手 1,187 人（配布データは 2,061 人）
- **コンペの開催期間**
    - コード提出可能期間：2021 年 6 月 10 日〜 7 月 31 日（約 2 カ月）
    - 評価期間：2021 年 8 月 1 日〜 31 日（1 カ月間）
- **推論に利用可能なデータ**
    - 7 月末時点で配布済のデータ
    - 8 月の評価期間中に提供されるデータ（この中にデジタルエンゲージメントは含まれない）

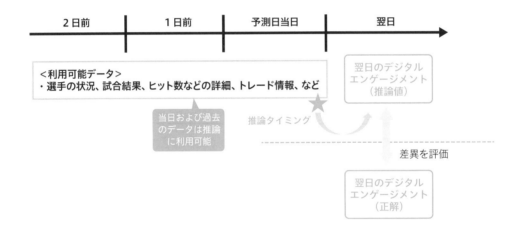

図 8-2　デジタルエンゲージメントの推論イメージ

● 評価指標

　評価指標は MCMAE（Mean Columns-wise Mean Absolute Error）です。これは 4 つのデジタルエンゲージメントごとに、平均絶対誤差（MAE：Mean Absolute Error）を計算して、その 4 つの MAE をさらに平均した値です。

評価指数である MCMAE は以下の手順にしたがって計算します。

（手順 1）target ごとの MAE の計算式

- target1/target2/target3/target4 に対して計算する
- N は選手の人数、i は選手を示す番号、j は target1 ～ 4 を示す番号

$$MAE_j = \frac{1}{N} \sum_{i=1}^{N} |y_{ij} - \hat{y}_{ij}| \quad (j = 1, 2, 3, 4)$$

（手順 2）MAE を用いた MCMAE の計算式

- 手順 1 で算出した 4 つの MAE を平均する

$$MCMAE = \frac{1}{4} \sum_{j=1}^{4} MAE_j$$

● 提供されているファイル

データには、選手やチームの情報などのデータ内容が変化しない「固定データ（Static data）」と、試合結果などのデータが日々生成される「日次データ（Daily data）」があります。

表 8-1 ファイルの概要

#	種類	ファイル	概要
1	Static data	players.csv	選手情報。評価対象者は playerForTestSetAndFuturePreds が True の選手のみ
2		teams.csv	チーム情報
3		seasons.csv	シーズン情報
4		awards.csv	受賞した賞
5	Daily data	train.csv	2021/4/30 までの学習データ
6		train_updated.csv	2021/7/31 までの学習データ
7		example_test.csv	テストデータのサンプル
8		example_sample_submission.csv	提出ファイルのサンプル

日次データのカラムは以下のような項目であり、json 形式になっています。

表 8-2　日次データのカラム情報

#	カラム	概要
1	nextDayPlayerEngagement	デジタルエンゲージメント（目的変数）が入っているデータ。このカラムの中に json 形式で複数のデータ項目（目的変数含め）が入っている。#2 以降のカラムも同様
2	games	試合結果
3	rosters	選手のステータス
4	playerBoxScores	試合ごとのプレイヤー情報
5	teamBoxScores	試合の情報
6	transactions	トレード情報
7	standings	順位情報
8	awards	受賞した賞
9	events	詳細な試合情報
10	playerTwitterFollowers	選手ごとの twitter のフォロワー数（月単位）
11	teamTwitterFollowers	チームの twitter のフォロワー数（月単位）

　本コンペでは、2021 年 6 月 10 日に開始されましたが、コンペ開始時は 2021 年 4 月 30 日までのデータしか配布されていませんでした。コンペ開催中にデータが更新され、2021 年 7 月 31 日までが利用できるようになりました。前者のファイルは「train.csv」で、後者は「train_updated.csv」になります。「train_updated.csv」は「train.csv」のデータを内包していますので、本書では「train_updated.csv」のみを利用していきます。

表 8-3　配布データの対象期間と評価期間（現在は train_updated.csv のみ対応）

ファイル名	データの対象期間	評価期間（リーダーボードの評価期間）
train.csv	2018/1/1 ～ 2021/4/30	2021/5/1 ～ 31
train_updated.csv	2018/1/1 ～ 2021/7/31	2021/8/1 ～ 31

8.2　分析のステップ

分析の進め方は**図 8-3** のとおりです。

① ベースライン作成　**1st ステップ**
- 利用データ：train_updated.csv（nextDayPlayerEngagement）+ players.csv
- モデル：LightGBM
- バリデーション設計：時系列を加味した train/valid の分割
- 評価指標：MCMAE

② 特徴量エンジニアリング　**2nd ステップ**
- 他カラム・テーブルも活用して特徴量を生成
- ラグ特徴量など

③ モデルチューニング　**3rd ステップ**
- ニューラルネットワークの適用

図 8-3　分析のステップ

1st ステップ：ベースライン作成

はじめにベースラインを作成します。タスクを理解して、目的変数の設定とバリデーションの設計を行います。まずは最低限必要なデータ項目のみに絞っています。

2nd ステップ：特徴量エンジニアリング

ベースラインで利用しなかったデータ項目を追加したデータセットを作成し、モデルを作成します。

3rd ステップ：モデルチューニング

LightGBM 以外のモデルとして、ニューラルネットワークを適用します。

8.3 ベースライン作成

まずはベースラインの作成について説明します。

8.3.1 分析設計

　目的変数は 1 ～ 100 の連続値なので「回帰モデル」とし、モデルはこれまでと同様「LightGBM」とします。本タスクの目的変数は target1、target2、target3、target4 の 4 つありますが、LightGBM ではモデル 1 つにつき目的変数が 1 つしか設定できないので、4 つのモデルを作成します。

表 8-4　作成するモデルとモデルごとの目的変数および評価指標

#	目的変数	モデル	評価指標
1	target1	回帰モデル（target1）	MAE（Mean Absolute Error）
2	target2	回帰モデル（target2）	MAE（Mean Absolute Error）
3	target3	回帰モデル（target3）	MAE（Mean Absolute Error）
4	target4	回帰モデル（target4）	MAE（Mean Absolute Error）

　なお、評価対象となる選手は、一部の選手に限定されています。具体的には players.csv ファイルの「playerForTestSetAndFuturePreds」が「True」になっている playerId のみが評価対象です。MAE を計算する際には注意してください。

　本タスクは時系列の問題なので、もう少し踏み込んで分析設計を行うことにします。時系列タスクでは、筆者は次の 3 点に気を付けています。

- 説明変数として使ってよいデータは何か？
- 古いデータは学習に使うべきか？
- 学習用データセットから検証データをどう作るか？

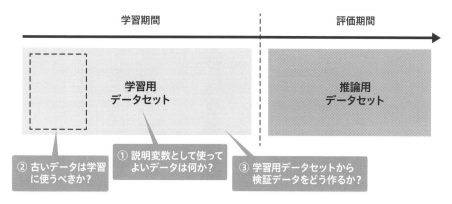

図 8-4 時系列データの場合に気を付けるべき点

まず1点目（説明変数として使ってよいデータは何か？）です。

学習データは、推論時に使えるデータを確認して、それに合わせた設計をする必要があります。言い換えると、「推論時に使えるデータを学習データで再現すること」が重要です。**図8-5**の上段（推論時における状況）のように、評価期間には当日分のデータが追加される仕組みなので、推論に使えるデータは「当日を含めて過去のデータのみ」となります。学習時にも推論時と同じ条件でデータを作成するためには、**図8-5**の下段（学習時の状況）のように、推論日以前のデータのみを使ってデータセットを作る必要があります。

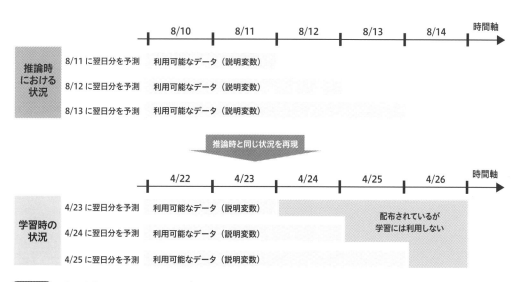

図 8-5 説明変数として使ってよいデータは何か？

　2点目（古いデータは使うべきか？）ですが、これはデータの傾向に変化があったかどうかで変わります。データは多い方が一般的に精度がよくなるので、古いデータも含めて利用した方がよいです。ただし、傾向が変わっている場合、古いデータを使うことで精度が低下する可能性があります。このため、傾向の変化を確認した上でどこまで入れるかを判断する必要があります。

　最後の3点目（学習用データセットから検証データをどう作るか？）は、1点目と同じで、推論時と同じ状態を学習データで作ることがポイントです。**図 8-6** の上段（推論時）を見ると分かりますが、「評価期間は1カ月間」、「学習データは評価期間の前日まで利用可能」、「学習期間と評価期間は重複しない」となっています。学習時もこれと同じ状態にするため、例えば、**図 8-6** の下段（学習時）のようにします。

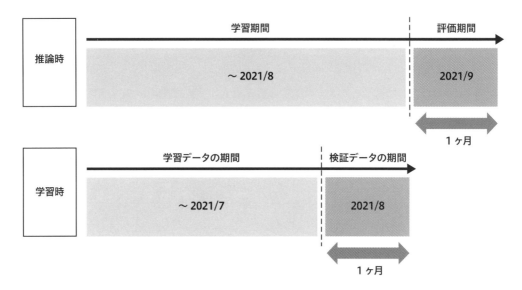

図 8-6　学習用データセットから検証データをどう作るか？

　これら3点については、「8.3.4 バリデーション設計」にてさらに具体的に説明します。

8.3.2 データ前処理

複数のテーブルがありますが、ベースラインでは目的変数が格納されている「train_updated.csv」と、評価対象を特定するフラグを持つ「players.csv」を使うことにします。

- **train_updated.csv**：「nextDayPlayerEngagement」カラムに目的変数である「target1」「target2」「target3」「target4」が json 形式で格納されている
- **players.csv**：「playerForTestSetAndFuturePreds」カラムが評価対象選手のフラグ

● train_updated.csv の読み込みと加工

まずは必要なライブラリをインポートします。

スクリプト 8-1　ライブラリのインポート

```python
import numpy as np
import pandas as pd
import gc
import pickle
import os
import datetime as dt

# plot
import matplotlib.pyplot as plt

# LightGBM
import lightgbm as lgb

from sklearn.metrics import mean_absolute_error

import warnings
warnings.simplefilter("ignore")

# 表示桁数の指定
pd.options.display.float_format = '{:10.4f}'.format
```

　次に、「train_updated.csv」ファイルを読み込みます。データ量が多いため、ベースライン
では「2020/4 〜 2021/4」の 13 カ月のデータを使うことにします。これは単純に処理時間を高
速化するためで、これによって試行錯誤のサイクルを短縮させることができます。期間を 13
カ月としたのは、季節性を考慮して学習データを 1 年間（2020/4 〜 2021/3）、検証データを 1
カ月（2021/4）としたためです（野球はオフシーズンがあり時期によって傾向が変わりそうな
ので、ベースラインでも 1 年分のデータはあった方がいいという判断です）。

スクリプト 8-2　train_updated.csv ファイルの読み込み

```
train = pd.read_csv("../input/mlb-player-digital-engagement-forecasting/train_updated.
csv")
print(train.shape)
train.head()
```

結果表示

(1308, 12)

スクリプト 8-3　処理速度を上げるためにデータを絞り込む

```
train = train.loc[train["date"]>=20200401, :].reset_index(drop=True)
print(train.shape)
```

結果表示

(487, 12)

　このファイルは表形式ですが、結果表示を見ると分かるように、各カラムのデータは json
形式となっています。このため、カラムごとにデータを取り出し、json 形式を表形式に変換
する必要があります。図で表すと**図 8-7** のようなイメージになります。

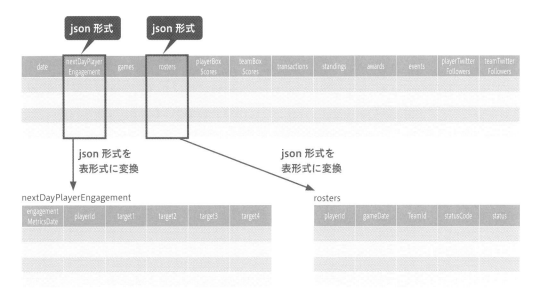

図 8-7 train_updated.csv の構造

　json 形式のカラムが複数存在するため、json 形式から表形式に変換するための関数を作成します。詳細は割愛しますが、指定したカラムのデータを 1 つずつ取り出して変換しているだけです。

スクリプト 8-4 train_updated.csv 専用の変換関数の作成

```
def unpack_json(json_str):
    return np.nan if pd.isna(json_str) else pd.read_json(json_str)


def extract_data(input_df, col="events", show=False):
    output_df = pd.DataFrame()
    for i in np.arange(len(input_df)):
        if show: print("\r{}/{}".format(i+1, len(input_df)), end="")
        try:
            output_df = pd.concat([
                output_df,
                unpack_json(input_df[col].iloc[i])
            ], axis=0, ignore_index=True)
        except:
            pass
    if show: print("")
    if show: print(output_df.shape)
```

```
    if show: display(output_df.head())
    return output_df
```

　この変換関数を用いて、train_updated.csv から「nextDayPlayerEngagement」カラムのデータを取り出して、json 形式から表形式に変換してみます。結果表示を見ると、表形式のテーブルが出力されていることが確認できると思います。このテーブルの「target1」「target2」「target3」「target4」が目的変数で、「engagementMetricsDate」はデジタルエンゲージメントの推論対象日です。ちなみに、2020-04-02 が推論対象日であれば、推論実施日はその前日の 2020-04-01 となります。

スクリプト 8-5　train_updated.csv から「nextDayPlayerEngagement」を取り出して表形式に変換

```
df_engagement = extract_data(train, col="nextDayPlayerEngagement", show=True)
```

結果表示

```
487/487
(1003707, 6)
```

	engagementMetricsDate	playerId	target1	target2	target3	target4
0	2020-04-02	425794	5.1249	9.4340	0.1179	6.1947
1	2020-04-02	571704	0.0389	8.1761	0.0105	2.1304
2	2020-04-02	506702	0.0106	5.0314	0.0082	0.8850
3	2020-04-02	607231	0.0247	2.8302	0.0222	0.5900
4	2020-04-02	543193	0.0071	1.1006	0.0012	0.1967

　次に、このテーブルの前処理をします。前処理としては、他のテーブルと結合できるように結合キーを作成することと、簡単な特徴量の作成を行います。

　レコードをユニークに特定するキーは「date_playerId」なので、結合のためにもこのカラムを作成します。これは推論対象日（engagementMetricsDate）と選手 ID（playerId）をアンダーバー（_）で結合した変数なので、以下のようにして作成します。

スクリプト 8-6　結合キーである date_playerId の作成

```
df_engagement["date_playerId"] = df_engagement["engagementMetricsDate"].str.replace(
"-", "") + "_" + df_engagement["playerId"].astype(str)
df_engagement.head()
```

結果表示

	engagementMetricsDate	playerId	target1	target2	target3	target4	date_playerId
0	2020-04-02	425794	5.1249	9.4340	0.1179	6.1947	20200402_425794
1	2020-04-02	571704	0.0389	8.1761	0.0105	2.1304	20200402_571704
2	2020-04-02	506702	0.0106	5.0314	0.0082	0.8850	20200402_506702
3	2020-04-02	607231	0.0247	2.8302	0.0222	0.5900	20200402_607231
4	2020-04-02	543193	0.0071	1.1006	0.0012	0.1967	20200402_543193

さらに、推論実施日（date）を作成し、dateから「曜日」「年月」という簡単な特徴量を作成します。推論実施日は、推論対象日の前日なので、「engagementMetricDate」から1日分を引いて作成します。これを加工して曜日と年月を作成します。

スクリプト 8-7　日付から簡単な特徴量を作成

```
# 推論実施日のカラム作成（推論実施日＝推論対象日の前日）
df_engagement["date"] = pd.to_datetime(df_engagement["engagementMetricsDate"], ⏎
format="%Y-%m-%d") + dt.timedelta(days=-1)

# 推論実施日から「曜日」と「年月」の特徴量作成
df_engagement["dayofweek"] = df_engagement["date"].dt.dayofweek
df_engagement["yearmonth"] = df_engagement["date"].astype(str).apply(lambda x: x[:7])
df_engagement.head()
```

結果表示

	engagementMetricsDate	playerId	target1	target2	target3	target4	date_playerId	date	dayofweek	yearmonth
0	2020-04-02	425794	5.1249	9.4340	0.1179	6.1947	20200402_425794	2020-04-01	2	2020-04
1	2020-04-02	571704	0.0389	8.1761	0.0105	2.1304	20200402_571704	2020-04-01	2	2020-04
2	2020-04-02	506702	0.0106	5.0314	0.0082	0.8850	20200402_506702	2020-04-01	2	2020-04
3	2020-04-02	607231	0.0247	2.8302	0.0222	0.5900	20200402_607231	2020-04-01	2	2020-04
4	2020-04-02	543193	0.0071	1.1006	0.0012	0.1967	20200402_543193	2020-04-01	2	2020-04

● players.csv の読み込みと加工

次に、「players.csv」を読み込んで簡単な前処理をします。playerIdのユニーク数をカウントすると、2061人の選手IDがあることが分かります。

第8章

スクリプト 8-8 players.csv の読み込み

```
df_players = pd.read_csv("../input/mlb-player-digital-engagement-forecasting/players.
csv")
print(df_players.shape)
print(df_players["playerId"].agg("nunique"))
df_players.head()
```

結果表示

```
(2061, 12)
2061
```

	playerId	playerName	DOB	mlbDebutDate	birthCity	birthStateProvince	birthCountry	heightInches	weight	primaryPositionCode	primaryPositionName	playerForTestSetAndFuturePreds
0	665482	Gilberto Celestino	1999-02-13	2021-06-02	Santo Domingo	NaN	Dominican Republic	72	170	8	Outfielder	False
1	593590	Webster Rivas	1990-08-08	2021-05-28	Nagua	NaN	Dominican Republic	73	219	3	First Base	True
2	661269	Vladimir Gutierrez	1995-09-18	2021-05-28	Havana	NaN	Cuba	73	190	1	Pitcher	True
3	669212	Eli Morgan	1996-05-13	2021-05-28	Rancho Palos Verdes	CA	USA	70	190	1	Pitcher	True
4	666201	Alek Manoah	1998-01-09	2021-05-27	Homestead	FL	USA	78	260	1	Pitcher	True

　テストデータの評価対象者を示す「playerForTestSetAndFuturePreds」の列が「True」となっ
ているデータを「1」に、それ以外を「0」に変換します。人数をカウントすると、評価対象
者は1187人であることが分かります。これは2061人のうち約58%です。

スクリプト 8-9 評価対象の人数確認

```
df_players["playerForTestSetAndFuturePreds"] = np.where(df_players["playerForTestSet
AndFuturePreds"]==True, 1, 0)
print(df_players["playerForTestSetAndFuturePreds"].sum())
print(df_players["playerForTestSetAndFuturePreds"].mean())
```

結果表示

```
1187
0.5759340126152354
```

8.3.3 データセット作成

　モデル学習で利用するデータセットを作成します。前項（8.3.2）で作成した df_engagement と df_player を結合して1つのテーブルを作成し、これを用いて目的変数と説明変数のデータを作成します。

　これら2つのテーブルでは playerId が結合キーなので、これをキーにしてテーブルを結合します。

スクリプト 8-10　テーブル結合

```
df_train = pd.merge(df_engagement, df_players, on=["playerId"], how="left")
print(df_train.shape)
```

結果表示

```
(1003707, 21)
```

　次に、学習用データセットとして、説明変数（x_train）と目的変数（y_train）のデータを作成します。また、どの選手の何月何日の予測なのかを確認できるように、日付や playerId などの識別情報をまとめたデータ（id_train）も作成しておきます。

スクリプト 8-11　学習用データセットの作成

```
x_train = df_train[[
    "playerId", "dayofweek",
    "birthCity", "birthStateProvince", "birthCountry", "heightInches", "weight",
    "primaryPositionCode", "primaryPositionName", "playerForTestSetAndFuturePreds"]]
y_train = df_train[["target1","target2","target3","target4"]]
id_train = df_train[["engagementMetricsDate","playerId","date_playerId","date",↩
"yearmonth","playerForTestSetAndFuturePreds"]]
print(x_train.shape, y_train.shape, id_train.shape)
x_train.head()
```

第8章

結果表示

```
(1003707, 10) (1003707, 4) (1003707, 6)
```

	playerId	dayofweek	birthCity	birthStateProvince	birthCountry	heightInches	weight	primaryPositionCode	primaryPositionName	playerForTestSetAndFuturePreds
0	425794	2	Brunswick	GA	USA	79	230	1	Pitcher	1
1	571704	2	Albuquerque	NM	USA	75	210	1	Pitcher	0
2	506702	2	Maracaibo	NaN	Venezuela	70	235	2	Catcher	1
3	607231	2	Savannah	GA	USA	76	200	1	Pitcher	1
4	543193	2	Columbia	CA	USA	76	215	1	Pitcher	0

　LightGBMでカテゴリ変数を扱えるようにするために、category型に変換します。これでベースラインにおけるデータセット作成は完了です。

スクリプト 8-12　カテゴリ変数を category 型に変換

```
for col in ["playerId", "dayofweek", "birthCity", "birthStateProvince", ↩
"birthCountry", "primaryPositionCode", "primaryPositionName"]:
    x_train[col] = x_train[col].astype("category")
```

8.3.4 バリデーション設計

時系列データの分析設計で気を付けるべき3点については、8.3.1項で説明しました。ここでは、さらにこれらを踏まえたバリデーション設計の内容を説明します。

① 説明変数として使ってよいデータは何か？

8.3.1項（分析設計）でも述べたように、「推論時に使えるデータと同じ状況を学習データで再現すること」が重要です。試合結果などの毎日取得できる説明変数については、当日以前のデータを使えばよいです。しかし、以下のように、いくつか注意しないといけないデータもあります。

- **デジタルエンゲージメント（目的変数）**：target1、target2、target3、target4
- **twitter 情報**：playerTwitterFollowers、teamTwitterFollowers

「デジタルエンゲージメント」は目的変数と密接に関係するため、できるだけこれを説明変数に活用したいです。しかし、影響が大きいからこそ扱いに注意する必要があります。まずは使えるデータの範囲を整理してみます。デジタルエンゲージメントは7/31まで取得できますが、それ以降は手に入りません。つまり、説明変数として使う場合、8/1であれば前日より過去の値、8/2なら2日前よりも過去の値、……、8/31なら31日前より過去の値を利用できます。包括すると、先月のデジタルエンゲージメントなら利用できるということになります。モデルを複数作成するのであれば、「N日前より過去の値を利用したモデル」というのを31個作成することも可能です。前日のデジタルエンゲージメントを使えた方が精度は良くなりそうなので悩むところですが、モデル数が増えると管理が大変なのでベースラインでは1モデルとし、「先月のデジタルエンゲージメントなら利用可能」とします。

また、デジタルエンゲージメントは毎日推論するため、前日の推論値を説明変数に加えて利用する方法もあります。しかし、誤差を持つ推論値をもとに、さらに推論していくと、推論を重ねるごとに誤差が大きくなり、推論値が不安定になります。このため、技術的・理論的には可能なのですが、あまりお勧めはしません。

次に、「twitter 情報」は、月初に1回だけ取得できるデータです。例えば、評価期間では8/1に取得しますが、それ以降は新しいデータが手に入りません。これは他と取得頻度が異なる点だけ理解しておけばよいです。

第8章

② 古いデータは学習に使うべきか？

　データ量が多い方が良い精度となることが多いため、できるだけ多くのデータを使うべきと思います。しかし、8.3.1 項（分析設計）にも書いたように、あまりに古いデータだと傾向が変わっていることもあり、場合によっては精度が悪化することもあります。

　どこまで含めるかを判断する方法としては、データ分布を集計・可視化する方法があります。例えば、今回のデータは最大で 3 年半あるので、1 年ごとにデジタルエンゲージメントの平均値やヒストグラムで可視化し、年ごとの差異を見ます。ただ、良し悪しの判断はなかなか難しいです。

　もう 1 つの方法として、「直近 1 年間」「直近 2 年間」「直近 3 年間」など期間を変えた複数の学習データを作成し、それぞれで学習をします。精度を評価することで、データ期間による優劣を判断します。こちらの方が直接的で分かりやすいと思います。

　ベースラインでは「直近 1 年間」（厳密には検証データを合わせて 13 カ月間）としますが、ベースライン作成後のチューニングではデータ期間を増やして精度がどうなるかを試してみてください。

　筆者のモデルでは期間を増やすほど精度が改善しました。ただ、「1 年間⇒ 2 年間」は大きく改善しましたが、「2 年間⇒ 3 年間」は微改善でした。また、モデルや説明変数によっては 3 年間だと悪化するケースもありました。

③ 学習用データセットから検証データをどう作るか？

　推論用データの条件に合わせて、検証データは 1 カ月間とし、学習データと検証データの期間を重複させない形にします。汎化性能を高めるために、期間を変えて複数のモデルを学習・評価させることにします。

　このときのデータ分割のパターンとしては、**図 8-8** のようなものが考えられます。上の図はデータの期間をズラし、期間ごとに学習データの直後 1 カ月を検証データにするパターンです。これは、評価期間の傾向が直近のデータに近いとは限らないため、複数の評価期間を用意することで評価の安定性を増す利点があります。

　一方、下の図は検証データの期間を合わせるパターンです。この方法では、評価期間の直近であるため、推論時と近い評価ができる可能性があります。また、学習データと検証データの間がどのくらい空くと、どのくらい精度が変わるのかを知ることができます。

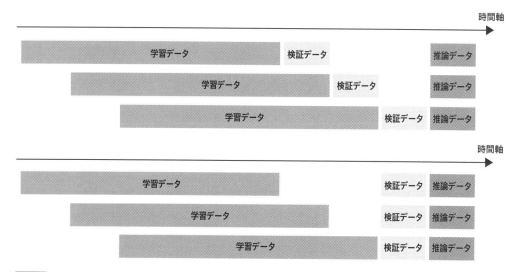

図 8-8　時系列データにおける学習データと検証データの分け方

　ベースラインでは**図 8-9** のように、検証データの期間を「2021/5」「2021/6」「2021/7」と複数用意するパターンにしました。評価期間の直近である 2021/7 だけにすることも考えましたが、「2021/7 と 2021/8 が似ているとは限らない」と保守的に考えて複数の検証データを用意しています。

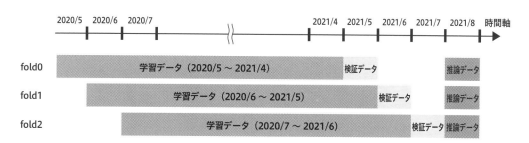

図 8-9　ベースラインで採用したバリデーション設計

　ただ、どちらの方法がよいかの判断は非常に難しいです。ある程度は学習データを用いて事前に検証できるものの、推論データで急に傾向が変わる可能性もありますし、運の要素があることは否定できません。

　ちなみに筆者はコンペ参加中では、**図 8-10** のように 2 つを組み合わせた方式としました。この図では省略していますが、学習データの期間を変えて、多くのモデルを作りました。また、直近の方がより重要だと考え、モデル数は直近の方が多くなるようにしました。

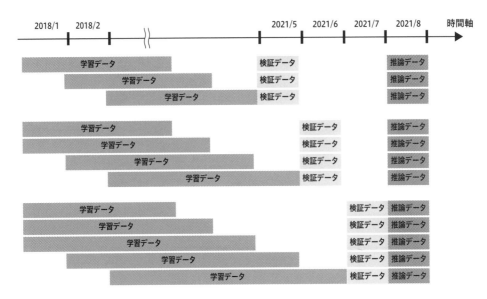

図 8-10 筆者が採用したバリデーション設計

ベースラインで使うバリデーション（**図 8-9**）のスクリプトを説明します。学習データと検証データの期間を「年月」で指定することで、3 パターンの組合せを用意しています。

スクリプト 8-13　学習データと検証データの期間の設定

```
list_cv_month = [
    [["2020-05","2020-06","2020-07","2020-08","2020-09","2020-10","2020-11","2020-
12","2021-01","2021-02","2021-03","2021-04"], ["2021-05"]],
    [["2020-06","2020-07","2020-08","2020-09","2020-10","2020-11","2020-12","2021-
01","2021-02","2021-03","2021-04","2021-05"], ["2021-06"]],
    [["2020-07","2020-08","2020-09","2020-10","2020-11","2020-12","2021-01","2021-
02","2021-03","2021-04","2021-05","2021-06"], ["2021-07"]],
]
```

このリストを利用して、index のリストを作成します。「年月」で指定しているので、「yearmonth」カラムを使って特定しています。また、評価対象となるのは「playerForTestSetAndFuturePreds」が「1」のデータだけなので、valid では「1」のみに絞り込んでいます。

学習データも「playerForTestSetAndFuturePreds」に絞り込むことが可能ですが、学習データは多い方がいいと考えて、ここでは絞り込みはしていません。これもベースライン作成後に、どちらがよいかをご自身で試してみてください。

スクリプト 8-14 学習データと検証データの index リストの作成

```
cv = []
for month_tr, month_va in list_cv_month:
    cv.append([
        id_train.index[id_train["yearmonth"].isin(month_tr)],
        id_train.index[id_train["yearmonth"].isin(month_va) & (id_train["playerFor↵
TestSetAndFuturePreds"]==1)],
    ])
# fold0のindexのリスト
cv[0]
```

結果表示

```
[Int64Index([ 61830,  61831,  61832,  61833,  61834,  61835,  61836,  61837,
              61838,  61839,
             ...
             814085, 814086, 814087, 814088, 814089, 814090, 814091, 814092,
             814093, 814094],
            dtype='int64', length=752265),
 Int64Index([814095, 814096, 814100, 814101, 814102, 814104, 814105, 814106,
             814107, 814109,
             ...
             877931, 877934, 877950, 877951, 877957, 877958, 877969, 877972,
             877974, 877975],
            dtype='int64', length=36797)]
```

▶8.3.5 モデル学習

学習の大きな流れは「Home Credit Default Risk」と同じです。異なる点は、目的変数が 4 つあることです。このため、学習全体の流れは**図 8-11** のようになります。fold ループが、さらに target のループに入れ子になっています。

1-A. target ごとの処理（arget1、2、3、4）

　1-B. fold ごとの処理（fold0、fold1、fold2）

　　① 学習データと検証データに分離

　　② モデル学習

　　③ モデル評価

　　④ 説明変数の重要度取得

2. モデル評価（全 target/fold のサマリ）

3. 推論値の取得（全 target/fold のサマリ）

4. 説明変数の重要度取得（全 target/fold のサマリ）

図 8-11　学習の流れ

まずは、「target1」の「fold0」を対象にして学習の流れを説明します。

① 学習データと検証データに分離

② モデル学習

③ モデル評価

④ 説明変数の重要度取得

① 学習データと検証データに分離

先ほどの 8.3.4（バリデーション設計）で作成した fold ごとの index リストを用いて、学習データと検証データに分割します。また、目的変数は「target1」なので、y_train から「target1」だけを取り出します。

スクリプト 8-15　学習データと検証データに分割

```
# 目的変数は「target1」で、foldは「fold0」の場合とする
target = "target1"
nfold = 0


# trainとvalidのindex取得
idx_tr, idx_va = cv[nfold][0], cv[nfold][1]


# 学習データと検証データに分離
x_tr, y_tr, id_tr = x_train.loc[idx_tr, :], y_train.loc[idx_tr, target], id_train.↩
loc[idx_tr, :]
x_va, y_va, id_va = x_train.loc[idx_va, :], y_train.loc[idx_va, target], id_train.↩
loc[idx_va, :]
print(x_tr.shape, y_tr.shape, id_tr.shape)
print(x_va.shape, y_va.shape, id_va.shape)
```

結果表示

```
(752265, 10) (752265,) (752265, 6)
(36797, 10) (36797,) (36797, 6)
```

② モデル学習

　学習データと検証データを入力にして、LightGBM でモデルを学習させます。

スクリプト 8-16　モデル学習

```
# ハイパーパラメータの設定
params = {
    'boosting_type': 'gbdt',
    'objective': 'regression_l1',
    'metric': 'mean_absolute_error',
    'learning_rate': 0.05,
    'num_leaves': 32,
    'subsample': 0.7,
    'subsample_freq': 1,
    'feature_fraction': 0.8,
    'min_data_in_leaf': 50,
    'min_sum_hessian_in_leaf': 50,
```

第8章

```
    'n_estimators': 1000,
    "random_state": 123,
    "importance_type": "gain",
}

# モデルの学習
model = lgb.LGBMRegressor(**params)
model.fit(x_tr,
          y_tr,
          eval_set=[(x_tr,y_tr), (x_va,y_va)],
          early_stopping_rounds=50,
          verbose=100,
          )

# モデルの保存
with open("model_lgb_target1_fold0.h5", "wb") as f:
    pickle.dump(model, f, protocol=4)
```

結果表示

```
[LightGBM] [Warning] feature_fraction is set=0.8, colsample_bytree=1.0 will be ignored.
Current value: feature_fraction=0.8
[LightGBM] [Warning] min_sum_hessian_in_leaf is set=50, min_child_weight=0.001 will be
ignored. Current value: min_sum_hessian_in_leaf=50
[LightGBM] [Warning] min_data_in_leaf is set=50, min_child_samples=20 will be ignored.
Current value: min_data_in_leaf=50
Training until validation scores don't improve for 50 rounds
[100] training's l1: 0.508316      valid_1's l1: 1.29781
[200] training's l1: 0.508247      valid_1's l1: 1.29772
[300] training's l1: 0.508185      valid_1's l1: 1.29768
[400] training's l1: 0.508154      valid_1's l1: 1.29768
Early stopping, best iteration is:
[371] training's l1: 0.508164      valid_1's l1: 1.29767
```

③ モデル評価

　検証データをモデルに入力して推論値を取得します。この値と正解データから MAE を計算します。

スクリプト 8-17　モデル評価

```python
# 検証データの推論値取得
y_va_pred = model.predict(x_va)


# 全target/foldの推論値を格納する変数の作成
df_valid_pred = pd.DataFrame()


# 推論値を格納
tmp_pred = pd.concat([
    id_va,
    pd.DataFrame({"target": target, "nfold": 0, "true": y_va, "pred": y_va_pred}),
], axis=1)
df_valid_pred = pd.concat([df_valid_pred, tmp_pred], axis=0, ignore_index=True)


# 全target/foldの評価値を入れる変数の作成
metrics = []


# 評価値の算出
metric_va = mean_absolute_error(y_va, y_va_pred)
# 評価値を格納
metrics.append([target, nfold, metric_va])
metrics
```

結果表示

```
[['target1', 0, 1.297671433371246]]
```

④ 説明変数の重要度取得

　学習したモデルから説明変数の重要度を取得します。foldごとの重要度をまとめて確認できるように、まとめて格納するためのデータフレームを作成して、そこに結合していきます。

スクリプト 8-18　説明変数の重要度取得

```python
# 重要度の取得
tmp_imp = pd.DataFrame({"col":x_tr.columns, "imp":model.feature_importances_, ↩
"target":"target1", "nfold":nfold})
# 確認（重要度の上位10個）
display(tmp_imp.sort_values("imp", ascending=False))
```

```
# 全target/foldの重要度を格納するデータフレームの作成
df_imp = pd.DataFrame()
# imp_foldをdf_impに結合
df_imp = pd.concat([df_imp, tmp_imp], axis=0, ignore_index=True)
```

結果表示

	col	imp	target	nfold
0	playerId	19860714.6846	target1	0
2	birthCity	3294792.5985	target1	0
9	playerForTestSetAndFuturePreds	2401641.9950	target1	0
7	primaryPositionCode	637437.8781	target1	0
1	dayofweek	303999.4478	target1	0
8	primaryPositionName	117352.6663	target1	0
6	weight	39797.0950	target1	0
3	birthStateProvince	33818.5630	target1	0
5	heightInches	23002.5407	target1	0
4	birthCountry	4671.9980	target1	0

　上記で説明した処理は fold ごとに行い、さらに他の target（target2、3、4）についても繰り返し処理します。

　ここではこれらの処理は省略しますが、すべての学習が終わったら、次に「モデルの評価（全target/fold のサマリ）」を行います。

スクリプト 8-19　モデルの評価（全 target/fold のサマリ）

```
# リスト型をデータフレームに変換
df_metrics = pd.DataFrame(metrics, columns=["target", "nfold", "mae"])
display(df_metrics.head())

# 評価値
print("MCMAE: {:.4f}".format(df_metrics["mae"].mean()))

display(pd.pivot_table(df_metrics, index="nfold", columns="target", values="mae", ⤶
aggfunc=np.mean, margins=True))
```

結果表示

	target	nfold	mae
0	target1	0	1.2977

MCMAE: 1.2977

target	target1	All
nfold		
0	1.2977	1.2977
All	1.2977	1.2977

次に「推論値の取得（全 target/fold のサマリ）」を行い、検証データの推論値をまとめたデータフレームの形式を変換して見やすくします。

スクリプト 8-20 検証データの推論値の形式変換（全 target/fold のサマリ）

```
df_valid_pred_all = pd.pivot_table(df_valid_pred, index=["engagementMetricsDate",
"playerId","date_playerId","date","yearmonth","playerForTestSetAndFuturePreds"],
columns=["target",  "nfold"], values=["true", "pred"], aggfunc=np.sum)
df_valid_pred_all.columns = ["{}_fold{}_{}".format(j,k,i) for i,j,k in df_valid_pred_
all.columns]
df_valid_pred_all = df_valid_pred_all.reset_index(drop=False)
df_valid_pred_all.head()
```

結果表示

	engagementMetricsDate	playerId	date_playerId	date	yearmonth	playerForTestSetAndFuturePreds	target1_fold0_pred	target1_fold0_true
0	2021-05-02	405395	20210502_405395	2021-05-01	2021-05	1	0.6213	0.1518
1	2021-05-02	408234	20210502_408234	2021-05-01	2021-05	1	0.3264	0.2365
2	2021-05-02	424144	20210502_424144	2021-05-01	2021-05	1	0.0018	0.0016
3	2021-05-02	425772	20210502_425772	2021-05-01	2021-05	1	0.0066	0.0035
4	2021-05-02	425784	20210502_425784	2021-05-01	2021-05	1	0.0007	0.0001

最後に「説明変数の重要度取得（全 target/fold のサマリ）」で、重要度の平均値と標準偏差を計算します。target1 の fold0 しか実行していないため、標準偏差の値が NaN になっていますが、全 target/fold を処理すれば計算されますのでここでは気にしないでください。

第8章

スクリプト 8-21　説明変数の重要度取得（全 target/fold のサマリ）

```
df_imp.groupby(["col"])["imp"].agg(["mean", "std"]).sort_values("mean", ascending=False)
```

結果表示

col	mean	std
playerId	19860714.6846	NaN
birthCity	3294792.5985	NaN
playerForTestSetAndFuturePreds	2401641.9950	NaN
primaryPositionCode	637437.8781	NaN
dayofweek	303999.4478	NaN
primaryPositionName	117352.6663	NaN
weight	39797.0950	NaN
birthStateProvince	33818.5630	NaN
heightInches	23002.5407	NaN
birthCountry	4671.9980	NaN

　これまでの処理を全 target と全 fold に対して行うための処理を作成します。試行錯誤で何度も繰り返すことを考慮して、関数化したものを作ります。

スクリプト 8-22　学習用関数の作成

```python
def train_lgb(input_x,
              input_y,
              input_id,
              params,
              list_nfold=[0,1,2],
              mode_train="train",
              ):
    # 推論値を格納する変数の作成
    df_valid_pred = pd.DataFrame()
    # 評価値を入れる変数の作成
    metrics = []
    # 重要度を格納するデータフレームの作成
    df_imp = pd.DataFrame()

    # validation
```

```
    cv = []
    for month_tr, month_va in list_cv_month:
        cv.append([
            input_id.index[input_id["yearmonth"].isin(month_tr)],
            input_id.index[input_id["yearmonth"].isin(month_va) & (input_id[⤸
"playerForTestSetAndFuturePreds"]==1)],
        ])


    # モデル学習 (target/foldごとに学習)
    for nfold in list_nfold:
        for i, target in enumerate(["target1", "target2", "target3", "target4"]):
            print("-"*20, target, ", fold:", nfold, "-"*20)
            # trainとvalid1に分離
            idx_tr, idx_va = cv[nfold][0], cv[nfold][1]
            x_tr, y_tr, id_tr = x_train.loc[idx_tr, :], y_train.loc[idx_tr, target], ⤸
id_train.loc[idx_tr, :]
            x_va, y_va, id_va = x_train.loc[idx_va, :], y_train.loc[idx_va, target], ⤸
id_train.loc[idx_va, :]
            print(x_tr.shape, y_tr.shape, id_tr.shape)
            print(x_va.shape, y_va.shape, id_va.shape)

            # 保存するモデルのファイル名
            filepath = "model_lgb_{}_fold{}.h5".format(target, nfold)

            if mode_train=="train":
                print("training start.")
                model = lgb.LGBMRegressor(**params)
                model.fit(x_tr,
                          y_tr,
                          eval_set=[(x_tr,y_tr), (x_va,y_va)],
                          early_stopping_rounds=50,
                          verbose=100,
                          )
                with open(filepath, "wb") as f:
                    pickle.dump(model, f, protocol=4)
            else:
                print("model load.")
                with open(filepath, "rb") as f:
                    model = pickle.load(f)
```

```
            print("Done.")

        # validの推論値取得
        y_va_pred = model.predict(x_va)
        tmp_pred = pd.concat([
            id_va,
            pd.DataFrame({"target": target, "nfold": 0, "true": y_va, "pred": ⤸
y_va_pred}),
        ], axis=1)
        df_valid_pred = pd.concat([df_valid_pred, tmp_pred], axis=0, ignore_⤸
index=True)

        # 評価値の算出
        metric_va = mean_absolute_error(y_va, y_va_pred)
        metrics.append([target, nfold, metric_va])

        # 重要度の取得
        tmp_imp = pd.DataFrame({"col":x_tr.columns, "imp":model.feature_⤸
importances_, "target":target, "nfold":nfold})
        df_imp = pd.concat([df_imp, tmp_imp], axis=0, ignore_index=True)

    print("-"*10, "result", "-"*10)
    # 評価値
    df_metrics = pd.DataFrame(metrics, columns=["target", "nfold", "mae"])
    print("MCMAE: {:.4f}".format(df_metrics["mae"].mean()))

    # validの推論値
    df_valid_pred_all = pd.pivot_table(df_valid_pred, index=["engagementMetricsDate⤸
","playerId","date_playerId","date","yearmonth","playerForTestSetAndFuturePreds"], ⤸
columns=["target",  "nfold"], values=["true", "pred"], aggfunc=np.sum)
    df_valid_pred_all.columns = ["{}_fold{}_{}".format(j,k,i) for i,j,k in df_valid_⤸
pred_all.columns]
    df_valid_pred_all = df_valid_pred_all.reset_index(drop=False)

    return df_valid_pred_all, df_metrics, df_imp
```

これを用いて全 target/fold の学習を実行します。

スクリプト 8-23 モデル学習

```python
params = {
    'boosting_type': 'gbdt',
    'objective': 'regression_l1',
    'metric': 'mean_absolute_error',
    'learning_rate': 0.05,
    'num_leaves': 32,
    'subsample': 0.7,
    'subsample_freq': 1,
    'feature_fraction': 0.8,
    'min_data_in_leaf': 50,
    'min_sum_hessian_in_leaf': 50,
    'n_estimators': 1000,
    "random_state": 123,
    "importance_type": "gain",
}


df_valid_pred, df_metrics, df_imp = train_lgb(x_train,
                                              y_train,
                                              id_train,
                                              params,
                                              list_nfold=[0,1,2],
                                              mode_train="train",
                                              )
```

第8章

結果表示

```
------------------- target1 , fold: 0 -------------------
(752265, 10) (752265,) (752265, 6)
(36797, 10) (36797,) (36797, 6)
training start.
[LightGBM] [Warning] feature_fraction is set=0.8, colsample_bytree=1.0 will be ignored.
Current value: feature_fraction=0.8
[LightGBM] [Warning] min_sum_hessian_in_leaf is set=50, min_child_weight=0.001 will be
ignored. Current value: min_sum_hessian_in_leaf=50
[LightGBM] [Warning] min_data_in_leaf is set=50, min_child_samples=20 will be ignored.
Current value: min_data_in_leaf=50
Training until validation scores don't improve for 50 rounds
[100] training's l1: 0.508316    valid_1's l1: 1.29781
```

```
[200] training's l1: 0.508247     valid_1's l1: 1.29772
[300] training's l1: 0.508185     valid_1's l1: 1.29768
[400] training's l1: 0.508154     valid_1's l1: 1.29768
Early stopping, best iteration is:
[371] training's l1: 0.508164     valid_1's l1: 1.29767
（省略）
---------- result ----------
MCMAE: 1.3503
```

　学習が終わったら、評価値を確認します。df_metrics に target/fold ごとの MAE が入っているので、誤差の全体平均（= MCMAE）と、各 target/fold の MAE を表示してみます。

　MCMAE の 3fold の平均値は 1.3503 となっています。fold によるバラツキが割と大きく、fold2（検証データの期間は 2021/7）の 1.1292 に対し、fod0（2021/5）と fold1（2021/6）は 1.4 を超えています。月によって予測しやすさ・しにくさがあるようです。

　また、target ごとの誤差もあり、target2 は平均で 2.1293 と誤差が一番大きく、target3 は平均 0.8 と一番小さいです。target ごとの予測しやすさ・しにくさも見られます。

スクリプト 8-24 評価値（MCMAE）の確認

```python
print("MCMAE: {:.4f}".format(df_metrics["mae"].mean()))
display(pd.pivot_table(df_metrics, index="nfold", columns="target", values="mae", ↵
aggfunc=np.mean, margins=True))
```

結果表示

MCMAE: 1.3503

target nfold	target1	target2	target3	target4	All
0	1.2977	2.4445	0.8780	1.2449	1.4662
1	1.1951	2.1536	0.8316	1.6410	1.4553
2	1.1132	1.7897	0.7605	0.8534	1.1292
All	1.2020	2.1293	0.8234	1.2464	1.3503

　特徴量の重要度は df_imp として出力されているので、どの説明変数が効いているかを確認します。すると、playerId がかなり効いていることが分かります。デジタルエンゲージメントは選手による大小がありそうです。

スクリプト 8-25 　説明変数の重要度の確認

```
df_imp.groupby(["col"])["imp"].agg(["mean", "std"]).sort_values("mean", ascending=False)
```

結果表示

col	mean	std
playerId	7729847.2801	13640878.7873
playerForTestSetAndFuturePreds	1281685.2354	1606340.8381
birthCity	1235480.7889	2426099.1000
dayofweek	143082.8190	209384.4154
primaryPositionCode	135093.7701	222089.2313
primaryPositionName	37740.4615	43340.0821
weight	28607.5458	44706.0780
heightInches	26661.7844	43729.0979
birthStateProvince	14551.1016	34710.6640
birthCountry	5324.3698	13346.4883

第8章

◗8.3.6 モデル推論

学習モデルを用いて推論処理を行います。

　本コンペは本章の冒頭で書いたように、予測値ファイルを提出するタイプのコンペではなく、「Code Competition」と言って、推論スクリプトを提出するものとなっています。推論は 1 日ごとに実行する想定なので、1 日ごとにデータ受領・加工し、デジタルエンゲージメントを推論するという処理を用意する必要があります。

● Code Competition の推論スクリプトの構成と仕組み

　Code Competition では、推論部分の書き方に決まりがあるので、その部分を説明します。**図 8-12** のように、まずはライブラリのインポートや推論用環境の作成を行います。その後は、for ループで 1 日ごとにデータを受け取って、ループ内でデータ加工やモデル推論を行って推論結果を提出する、という流れになっています。なお、提出のためには Kaggle 分析環境（Notebook）上での実行が必須条件となります。

　ややこしいですが、実際に毎日推論処理するのではなく、このライブラリを使うことで、疑似的に毎日推論した場合を再現することができるのです。例えば、コンペ終了後の 2021 年 9 月 10 日あたりにこのスクリプトを一度実行すれば、8 月 1 日から 31 日まで毎日実行した場合と同じ推論結果を得ることができます。

　ループの中で受け取るデータには、「推論用データ（test_df）」と「推論フォーマット（prediction_df）」があります。推論用データは train_updated.csv と同じ形式のファイルです。もう 1 つのデータは、推論対象日と選手 ID を示すリストになっていて、デジタルエンゲージメントの推論結果を格納するデータフレームになっています。

　コンペ参加者は、ループの中の処理（推論用データセットの作成、推論処理、提出用フォーマットへの変換）を追加で書いていきます。

```
import mlb ◀──── mlb ライブラリのインポート

env = mlb.make_env() ◀──────── 推論用の環境作成
iter_test = env.ter_test() ◀──────── 1 日分のデータを順次取り出すイテレータ作成

for (test_df, prediction_df) in iter_test: ◀──── データ受け取り（ループごとに 1 日分の
                                                 データを順次受け取れる）
      # データ前処理／データセット作成



      # 学習モデルを用いた推論処理
                                              コンペ参加者はここの部分を作成する


      # 推論結果を提出用フォーマットに変換



      # 推論結果の提出
      env.predict(df_submit) ◀──── 推論結果の提出
```

図 8-12　Code Competition のコードの書き方イメージ

Code Competitiion および本コンペ特有の注意点がいくつかあります。

- 本コンペ専用の mlb ライブラリを一度実行したあとに再実行するとエラーになる。再実行したい場合は、Kaggle 分析環境を再起動（Restart）する必要がある。
- サブミット後のエラーが生じた場合、エラーのタイプは表示されるが、どの部分で問題が生じたのかの詳細は明示されない。エラーの詳細を表示しないのは現行の仕様なので、エラー発生時は発生原因を推測して対応していくしかない。
- 「example_test.csv」と「example_sample_submission.csv」はサブミット時の環境には存在しないらしく、Notebook をサブミットしたときにこれらを読み込んでいると「Notebook Threw Exception」というエラーになるので読み込まない。
- 本コンペはインターネット接続不可のため、Notebook の設定で「Internet」をオフにする必要がある。

この先説明が長くなりますので、3 つのパートに分けて説明していきます。

- **パート 1**：推論用データセットの作成
- **パート 2**：モデル推論
- **パート 3**：提出用フォーマットへの変換

● パート 1：推論用データセットの作成

　まずループで受け取るデータのフォーマットを確認します。確認方法として、mlb ライブラリを実行する方法と、配布ファイルを確認する方法があります。以下のようなスクリプトでそれぞれ確認できます。配布ファイルは 4/26 ～ 31 までの 5 日分がまとまっていますが、フォーマットは同じです。

スクリプト 8-26　推論時に受け取るデータのフォーマット確認①（サブミット時にはコメントアウト）

```python
import mlb

env = mlb.make_env()
iter_test = env.iter_test()

for (test_df, prediction_df) in iter_test:
    # forループで受け取るデータの確認
    display(test_df.head())
    display(prediction_df.head())
    break
```

結果表示

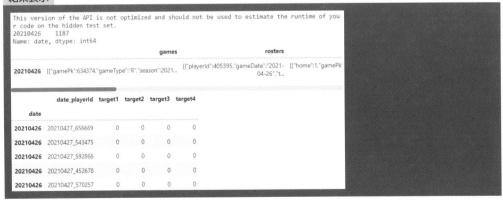

スクリプト 8-27　推論時に受け取るデータのフォーマット確認②（サブミット時にはコメントアウト）

```python
# forループで受け取るtest_dfのサンプルデータ
test_df = pd.read_csv("../input/mlb-player-digital-engagement-forecasting/example_
test.csv")
display(test_df.head())
```

```
# forループで受け取るprediction_dfのサンプルデータ
prediction_df = pd.read_csv("../input/mlb-player-digital-engagement-forecasting/↵
example_sample_submission.csv")
display(prediction_df.head())
```

結果表示

（省略）

　ただ、注意点に書いたように、Notebook 上では mlb ライブラリは一度しか実行できない、かつ「example_test.csv」と「example_sample_submission.csv」はサブミット時には存在しないため、サブミット時にはスクリプト 8-26 と 8-27 を必ずコメントアウトしてください。なお、代わりに、以下のスクリプトを実行することで、4/26 に受け取るデータを疑似生成します。

スクリプト 8-28　推論時に受け取るデータの疑似生成（2021/4/26 分）

```
# test_dfの疑似生成（4/26に受け取るデータを想定）
test_df = train.loc[train["date"]==20210426, :]
display(test_df.head())

# prediction_dfの疑似生成（4/26に受け取るデータを想定）
prediction_df = df_engagement.loc[df_engagement["date"]=="2021-04-26", ["date","date_↵
playerId"]].reset_index(drop=True)
prediction_df["date"] = prediction_df["date"].apply(lambda x: int(str(x).replace("-",↵
"")[:8]))
for col in ["target1","target2","target3","target4"]:
    prediction_df[col] = 0
display(prediction_df.head())
```

結果表示

（省略）

　これら（test_df、prediction_df）を加工して推論用データセットを作成します。処理内容については、学習用データセット作成のときと同じです。また、ループの中で繰り返し行う処理であるため関数化しておきます。

スクリプト 8-29 推論用データセット作成の関数

```python
def makedataset_for_predict(input_test, input_prediction):
    test = input_test.copy()
    prediction = input_prediction.copy()

    # dateを日付型に変換
    prediction["date"] = pd.to_datetime(prediction["date"], format="%Y%m%d")
    # 推論対象日(engagementMetricsDate)と選手ID(playerId)のカラムを作成
    prediction["engagementMetricsDate"] = prediction["date_playerId"].apply(lambda x: ⤵
x[:8])
    prediction["engagementMetricsDate"] = pd.to_datetime(prediction["engagementMetrics⤵
Date"], format="%Y%m%d")
    prediction["playerId"] = prediction["date_playerId"].apply(lambda x: int(x[9:]))

    # 日付から曜日と年月を作成
    prediction["dayofweek"] = prediction["date"].dt.dayofweek
    prediction["yearmonth"] = prediction["date"].astype(str).apply(lambda x: x[:7])

    # テーブルの結合
    df_test = pd.merge(prediction, df_players, on=["playerId"], how="left")

    # 説明変数の作成
    x_test = df_test[[
        "playerId", "dayofweek",
        "birthCity", "birthStateProvince", "birthCountry", "heightInches", "weight",
        "primaryPositionCode", "primaryPositionName", "playerForTestSetAndFuturePreds"]]
    id_test = df_test[["engagementMetricsDate","playerId","date_playerId","date",⤵
"yearmonth","playerForTestSetAndFuturePreds"]]

    # カテゴリ変数をcategory型に変換
    for col in ["playerId", "dayofweek", "birthCity", "birthStateProvince", ⤵
"birthCountry", "primaryPositionCode", "primaryPositionName"]:
        x_test[col] = x_test [col].astype("category")

    return x_test, id_test
```

　作成した関数を実行して、推論用データセットを作成します。出力結果を見ると、学習用データセットと同じ形式になっていることが確認できます。

スクリプト 8-30 推論用データセット作成の実行

```
x_test, id_test = makedataset_for_predict(test_df, prediction_df)
display(x_test.head())
display(id_test.head())
```

結果表示

	playerId	dayofweek	birthCity	birthStateProvince	birthCountry	heightInches	weight	primaryPositionCode
0	656669	0	Visalia	CA	USA	73	195	8
1	543475	0	Hartsville	SC	USA	77	230	1
2	623465	0	Salisbury	MD	USA	74	215	1
3	595032	0	Ranburne	AL	USA	76	220	1
4	592866	0	San Diego	CA	USA	75	235	1

	engagementMetricsDate	playerId	date_playerId	date	yearmonth	playerForTestSetAndFuturePreds
0	2021-04-27	656669	20210427_656669	2021-04-26	2021-04	1
1	2021-04-27	543475	20210427_543475	2021-04-26	2021-04	1
2	2021-04-27	623465	20210427_623465	2021-04-26	2021-04	0
3	2021-04-27	595032	20210427_595032	2021-04-26	2021-04	0
4	2021-04-27	592866	20210427_592866	2021-04-26	2021-04	1

● パート 2：モデル推論

　推論用のデータセット作成が終わったら、推論処理を行います。モデルは target と fold の組合せごとに作成していますので、推論時もこれらのモデルに対して順次適用していきます。図 8-13 のような流れとなります。

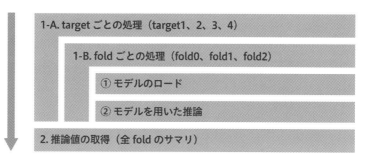

図 8-13　推論の流れ

　まずは target1 の fold0 を対象にして、推論を行ってみます。

① モデルの読み込み

保存したモデルのファイル名を指定して、学習したモデルを読み込みします。

スクリプト 8-31　モデルの読み込み

```python
with open("model_lgb_target1_fold0.h5", "rb") as f:
    model = pickle.load(f)
```

② モデルを用いた推論

　読み込んだモデルを用いて推論処理を行います。推論値は df_test_pred というデータフレームに格納します。

スクリプト 8-32　モデルを用いた推論

```python
pred = model.predict(x_test)

df_test_pred = id_test.copy()
df_test_pred["target1_fold0"] = pred
```

　最後に「推論値の取得（全 target/fold のサマリ）」を行います。fold は 3 つなので推論値も 3 つあります。最終的な推論値はこれらの平均値とします。

スクリプト 8-33　推論値の計算

```python
# target1の推論値：各foldの平均値
df_test_pred["target1"] = df_test_pred[df_test_pred.columns[df_test_pred.columns.str.↩
contains("target1")]].mean(axis=1)
# target2,3,4についても同様の方法で計算します。(ここでは省略)

print(df_test_pred.shape)
df_test_pred.head()
```

結果表示

```
(2061, 8)
```

	engagementMetricsDate	playerId	date_playerId	date	yearmonth	playerForTestSetAndFuturePreds	target1_fold0	target1
0	2021-04-27	656669	20210427_656669	2021-04-26	2021-04	1	0.0292	0.0292
1	2021-04-27	543475	20210427_543475	2021-04-26	2021-04	1	0.0034	0.0034
2	2021-04-27	623465	20210427_623465	2021-04-26	2021-04	0	0.0001	0.0001
3	2021-04-27	595032	20210427_595032	2021-04-26	2021-04	0	0.0000	0.0000
4	2021-04-27	592866	20210427_592866	2021-04-26	2021-04	1	0.0466	0.0466

モデル推論も繰り返し行う処理なので、関数化しておきます。

スクリプト 8-34 推論処理の関数

```python
def predict_lgb(input_x,
                input_id,
                list_nfold=[0,1,2],
                ):
    df_test_pred = id_test.copy()

    for target in ["target1","target2","target3","target4"]:
        for nfold in list_nfold:
            # モデルのロード
            with open("model_lgb_{}_fold{}.h5".format(target, nfold), "rb") as f:
                    model = pickle.load(f)

            # 推論
            pred = model.predict(input_x)
            # 予測値の格納
            df_test_pred["{}_fold{}".format(target, nfold)] = pred

    # 推論値の取得： 各foldの平均値
    for target in ["target1","target2","target3","target4"]:
        df_test_pred[target] = df_test_pred[df_test_pred.columns[df_test_pred.columns.⤵
str.contains(target)]].mean(axis=1)

    return df_test_pred
```

第8章

作成したモデル推論関数を実行して、全 playerId の推論値（デジタルエンゲージメント）を計算して取得します。

> **スクリプト 8-35**　モデル推論の実行

```
df_test_pred = predict_lgb(x_test, id_test)
df_test_pred.head()
```

結果表示

	engagementMetricsDate	playerId	date_playerId	date	yearmonth	playerForTestSetAndFuturePreds	targe
0	2021-04-27	656669	20210427_656669	2021-04-26	2021-04	1	
1	2021-04-27	543475	20210427_543475	2021-04-26	2021-04	1	
2	2021-04-27	623465	20210427_623465	2021-04-26	2021-04	0	
3	2021-04-27	595032	20210427_595032	2021-04-26	2021-04	0	
4	2021-04-27	592866	20210427_592866	2021-04-26	2021-04	1	

5 rows × 22 columns

● パート 3：提出用フォーマットへの変換

推論結果を作成したら、提出用ファイルの形式に変換します。提出用ファイルの形式は**スクリプト 8-26** で確認した prediction_df の形式です。

prediction_df のフォーマットに合わせるため、推論結果の df_test_pred を、「date_playerId」「target1」「target2」「target3」「target4」のカラムのみに絞り込みます。

> **スクリプト 8-36**　提出用フォーマットへの変換

```
df_submit = df_test_pred[["date_playerId", "target1","target2","target3","target4"]]
df_submit.head()
```

結果表示

	date_playerId	target1	target2	target3	target4
0	20210427_656669	0.0290	1.1602	0.0050	0.2476
1	20210427_543475	0.0033	0.9486	0.0050	0.2552
2	20210427_623465	0.0001	0.2651	0.0033	0.1273
3	20210427_595032	0.0000	0.0796	0.0007	0.0965
4	20210427_592866	0.0341	1.2132	0.0092	0.5636

　最後に、パート 1 ～ 3 で説明したものをまとめて、推論処理を作成します（**スクリプト 8-37**）。この際、デジタルエンゲージメントは 0 以上 100 以下の数値なので、後処理としてクリッピング処理を追加しています。

　推論処理を作成したら、まずはこのスクリプトを実行してエラーなく処理が終わることを確認してください。なお、結果表示を見て分かるように、この時点では 2021/4/26 ～ 30 を対象にした推論処理になっています。

スクリプト 8-37　推論処理の実行

```python
import mlb

env = mlb.make_env()
iter_test = env.iter_test()

for (test_df, prediction_df) in iter_test:
    test = test_df.copy()
    prediction = prediction_df.copy()
    prediction = prediction.reset_index(drop=False)

    print("date:", prediction["date"][0])

    # データセット作成
    x_test, id_test = makedataset_for_predict(test, prediction)

    # 推論処理
    df_test_pred = predict_lgb(x_test, id_test)

    # 提出データの作成
    df_submit = df_test_pred[["date_playerId", "target1","target2","target3","target4"]]

    # 後処理：欠損値埋め，0-100の範囲外のデータをクリッピング
    for i,col in enumerate(["target1","target2","target3","target4"]):
        df_submit[col] = df_submit[col].fillna(0.)
        df_submit[col] = df_submit[col].clip(0, 100)

    # 予測値データの提出
    env.predict(df_submit)
print("Done.")
```

第 8 章

結果表示

```
This version of the API is not optimized and should not be used to estimate the runtime
of your code on the hidden test set.
date: 20210426
date: 20210427
date: 20210428
date: 20210429
date: 20210430
Done.
```

　エラーなく終わっていることを確認したら、Kaggle Notebook の上部右側にある「Save & Run All (Commit)」ボタンを押下して「Save」ボタンを選択してください。(その際、Notebook の右側メニューにある「Internet」という項目がオフになっていることを再度確認してください。オンになっているとサブミットができません。) そうすると Notebook が再度バックグラウンドで実行されます。この処理が終わるとサブミットができる状態になります。ちなみにこのときは 2021/5/1 ～ 31 のデータを対象にして推論処理が行われます。

　Code Competition ではサブミットのやり方も特殊なので、手順を説明します (図 8-14)。

- 手順 1.「Late Submission」ボタンを押下すると「Submit to competition」という画面が表示される
- 手順 2.「Select Notebook」のところから作成した Notebook を選択する
- 手順 3.「Notebook Version」でサブミットしたいバージョンを選択する
- 手順 4.「Output File」で「submission.csv」を選択する
- 手順 5. 右下の「Submit」ボタンを押下する

　手順 4 で選択する「Submission.csv」は Notebook のスクリプト上では作成していませんが、「Save & Run All (commit)」を実行すると自動的に作成されます。

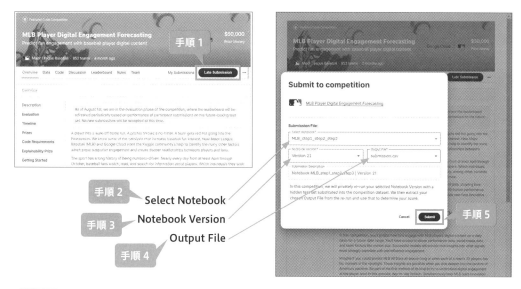

図 8-14　サブミットの手順

　サブミットを行うことで、評価期間である 2021/8/1 ～ 31 を対象にして推論処理が実行されます。エラーなく処理が終われば、「My Submissions」の「Private Score」の項目に評価値（MCMAE）が「1.5318」と表示されます。なお、「Public Score」は「0.0000」と表示されますが、これは無視してください（終了済みコンペのため現在は private score のみ表示される仕様）。

　本書のように Notebook に学習と推論を一緒に記載している場合、サブミット時にも学習を再度行うので時間がかかります。学習と推論の Notebook を分け、推論部分だけをサブミットすれば処理完了までの待ち時間を短縮できます。

　なお、ここまで書いたように、本コンペでは推論処理が 3 つあり、それによって評価期間が異なります。若干複雑なので最後に一覧表でまとめておきます。

表 8-5　推論処理ごとの実行方法と評価期間

#	推論処理	実行方法	評価期間
1	Notebook 上での実行	セルの実行	2021/4/26 ～ 30
2	Notebook のバックグラウンド実行	Notebook 画面の上部右側にある「Save Version」ボタンを押下し、ダイアログ画面の「Save & Run All (commit)」を選んで「Save」ボタンを押す	2021/5/1 ～ 31
3	Submit 後の推論実行	#2 の処理が正常に完了した後で前述した手順でサブミットを行う	2021/8/1 ～ 31

8.4 特徴量エンジニアリング

　次にデータを加工して、特徴量を追加していきます。まだ利用していないテーブルやデータ項目がたくさんありますので、ここでは以下の 2 つを追加してみます。

- train_updated.csv の「rosters」カラムのデータ項目
- target1 〜 4 のラグ特徴量（1 ヵ月前）

　以降では、データ前処理、データセット作成、モデル学習、モデル推論について順に説明します。

 ## 8.4.1 データ前処理

　まずは、train_updated.csv の「rosters」カラムのデータを取り出して、日付を結合キーとして利用するため、gameDate のカラム名を変更します。

スクリプト 8-38　train_updated.csv から rosters カラムのデータ取り出し

```
df_rosters = extract_data(train, col="rosters")
```

結果表示

```
487/487
(598950, 5)
```

	playerId	gameDate	teamId	statusCode	status
0	430935	2020-04-01	144	A	Active
1	435062	2020-04-01	120	A	Active
2	444489	2020-04-01	158	A	Active
3	445276	2020-04-01	119	A	Active
4	446308	2020-04-01	138	A	Active

スクリプト 8-39 rosters のデータ前処理加工

```
# dateカラムの作成・加工
df_rosters = df_rosters.rename(columns={"gameDate":"date"})
df_rosters["date"] = pd.to_datetime(df_rosters["date"], format="%Y-%m-%d")

# 追加するカラムリストの作成 (dateとplayerIdは結合キー)
col_rosters = ["teamId","statusCode","status"]

df_rosters.head()
```

結果表示

	playerId	date	teamId	statusCode	status
0	430935	2020-04-01	144	A	Active
1	435062	2020-04-01	120	A	Active
2	444489	2020-04-01	158	A	Active
3	445276	2020-04-01	119	A	Active
4	446308	2020-04-01	138	A	Active

　次に、target1 ～ 4のラグ特徴量を作成します。8.3.4項（バリデーション設計）で書いたように、「先月のデジタルエンゲージメントなら利用可能」です。そこで月ごとの統計量（平均値など）を計算し、1カ月前の統計量を特徴量として利用します。

スクリプト 8-40 target の統計量の計算

```
df_agg_target = df_train.groupby(["yearmonth", "playerId"])[["target1", "target2",
"target3", "target4"]].agg(["mean", "median", "std", "min", "max"])
df_agg_target.columns = ["{}_{}".format(i,j) for i,j in df_agg_target.columns]
df_agg_target = df_agg_target.reset_index(drop=False)
df_agg_target.head()
```

結果表示

	yearmonth	playerId	target1_mean	target1_median	target1_std	target1_min	target1_max	target2_mean	target2_median	target2_std	...	target3_mean	target3_median	target3_std	target3_min	target3_max	target4_mean	target4_median	target4_std	target4_min	target4_max
0	2020-04	112526	0.8834	0.0647	2.9618	0.0224	15.9780	10.8110	10.4352	5.3041	...	0.2294	0.1752	0.3478	0.5216	1.6761	21.1961	20.7913	12.6768	0.6305	51.3296
1	2020-04	134181	2.8999	0.2175	10.9845	0.0645	58.4642	14.7861	11.9902	13.2362	...	10.6877	0.9546	24.8149	0.0348	100.5000	12.0296	11.8739	6.2926	0.5478	24.3002
2	2020-04	279571	0.0005	0.0000	0.0006	0.0000	0.0016	0.3975	0.3455	0.2767	...	0.0204	0.0000	0.2013	0.0200	0.0060	0.2851	0.2481	0.1906	0.0097	0.7000
3	2020-04	282532	0.1413	0.0788	0.1702	0.0223	0.7391	7.8952	7.7711	4.0453	...	0.3794	0.3382	0.2484	0.0501	0.9982	11.3540	10.0147	6.1922	0.5633	23.4435
4	2020-04	400985	1.9515	0.6949	3.3769	0.0947	17.0643	30.0941	27.2808	16.4382	...	13.3777	1.6486	26.4342	0.2783	100.0000	55.7711	47.0509	29.4801	2.5769	100.0000

　前月のところに結合できるように、yearmonth を 1 カ月分をシフトしてください。また、シフトすることによって生じた欠損箇所は 2021-08 で使う集計値なので、欠損値を「2021-08」で埋めます。なお、通常のラグ特徴量では説明変数をシフトしますが、説明変数の数が多く、処理を楽にするために、結合キーである年月（yearmonth）の方を逆方向にシフトしています。

　あとは、カラム名をラグ特徴量と分かるように名称を変更したら完成です。

スクリプト 8-41　ラグ特徴量の作成

```
# 年月でソート（時系列順に並んでいないとシフト時におかしくなるので）
df_agg_target = df_agg_target.sort_values("yearmonth").reset_index(drop=True)

# yearmonthを1カ月シフトして過去にする
df_agg_target["yearmonth"] = df_agg_target.groupby(["playerId"])["yearmonth"].shift(-1)
# yearmonthの欠損値を「2021-08」で埋める
df_agg_target["yearmonth"] = df_agg_target["yearmonth"].fillna("2021-08")

# 集計値がラグ特徴量と分かるようにカラムの名称を変更
df_agg_target.columns = [col+"_lag1month" if col not in ["playerId","yearmonth"] else
col for col in df_agg_target.columns ]

# 追加したカラムリスト作成
col_agg_target = list(df_agg_target.columns[df_agg_target.columns.str.contains
("lag1month")])

df_agg_target.head()
```

結果表示

	yearmonth	playerId	target1_mean_lag1month	target1_median_lag1month	target1_std_lag1month	target1_min_lag1month	target1_max_lag1month	target2_mean_lag1month	target2_median_lag1month	target2_std_lag1month	...	target3_mean_lag1month	
0	2020-05	112526	0.8834	0.0647	2.9618	0.0224	15.9789	10.8110	10.4352	5.3041	...	0.2894	
1	2020-05	628318	0.0003	0.0000	0.0016	0.0000	0.0088	0.3717	0.3519	0.2857	...	0.0000	
2	2020-05	628317	0.0747	0.0327	0.1005	0.0139	0.4201	10.7568	9.6495	4.7834	...	0.0816	
3	2020-05	627894	0.0004	0.0000	0.0008	0.0000	0.0037	1.2347	1.1068	0.6663	...	0.0026	
4	2020-05	627500	0.0004	0.0000	0.0019	0.0000	0.0104	0.2940	0.1969	0.3396	...	0.0000	

5 rows × 22 columns

8.4.2 データセット作成

データセット作成手順はベースラインと基本的には同じです。変更点は、df_train を作成するときに、前項（8.4.1 データ前処理）で作成した「df_rosters」と「df_agg_target」を結合する点と、x_train 作成時に追加したカラムリストを追加する点になります。

また、rosters の追加カラムの 3 つはカテゴリ変数なので、category 型に変換するのを忘れないようにしてください。スクリプトの太字部分が変更箇所なので、ここを追記してください。

スクリプト 8-42 学習用データセットの作成（太字が更新箇所）

```python
# データを結合
df_train = pd.merge(df_engagement, df_players, on=["playerId"], how="left")
df_train = pd.merge(df_train, df_rosters, on=["date", "playerId"], how="left")
df_train = pd.merge(df_train, df_agg_target, on=["playerId", "yearmonth"], how="left")

# 説明変数と目的変数の作成
x_train = df_train[[
    "playerId", "dayofweek",
    "birthCity", "birthStateProvince", "birthCountry", "heightInches", "weight",
    "primaryPositionCode", "primaryPositionName", "playerForTestSetAndFuturePreds"
] + col_rosters + col_agg_target]
y_train = df_train[["target1","target2","target3","target4"]]
id_train = df_train[["engagementMetricsDate","playerId","date_playerId","date",
"yearmonth","playerForTestSetAndFuturePreds"]]

# カテゴリ変数をcategory型に変換
for col in ["playerId", "dayofweek", "birthCity", "birthStateProvince",
"birthCountry", "primaryPositionCode", "primaryPositionName"] + col_rosters:
    x_train[col] = x_train[col].astype("category")

print(x_train.shape, y_train.shape, id_train.shape)
```

結果表示

```
(1003707, 33) (1003707, 4) (1003707, 6)
```

8.4.3 モデル学習

　データセットを作成したら学習用関数に入力して、学習を行います。ベースラインで作成したスクリプトをそのまま流用すれば実行できます。

スクリプト 8-43　モデル学習の実行

```python
params = {
    'boosting_type': 'gbdt',
    'objective': 'regression_l1',
    'metric': 'mean_absolute_error',
    'learning_rate': 0.05,
    'num_leaves': 32,
    'subsample': 0.7,
    'subsample_freq': 1,
    'feature_fraction': 0.8,
    'min_data_in_leaf': 50,
    'min_sum_hessian_in_leaf': 50,
    'n_estimators': 10000,
    "random_state": 123,
    "importance_type": "gain",
}


df_valid_pred, df_metrics, df_imp = train_lgb(x_train,
                                              y_train,
                                              id_train,
                                              params,
                                              list_nfold=[0,1,2],
                                              mode_train="train",
                                              )
```

結果表示

```
------------------- target1 , fold: 0 -------------------
(752265, 33) (752265,) (752265, 6)
(36797, 33) (36797,) (36797, 6)
training start.
```

```
[LightGBM] [Warning] feature_fraction is set=0.8, colsample_bytree=1.0 will be ignored.
Current value: feature_fraction=0.8
[LightGBM] [Warning] min_sum_hessian_in_leaf is set=50, min_child_weight=0.001 will be
ignored. Current value: min_sum_hessian_in_leaf=50
[LightGBM] [Warning] min_data_in_leaf is set=50, min_child_samples=20 will be ignored.
Current value: min_data_in_leaf=50
Training until validation scores don't improve for 50 rounds
[100] training's l1: 0.504554     valid_1's l1: 1.28795
[200] training's l1: 0.504185     valid_1's l1: 1.28709
Early stopping, best iteration is:
[168] training's l1: 0.504198     valid_1's l1: 1.28708
（省略）
---------- result ----------
MCMAE: 1.2762
```

　学習が終わったら、ベースラインと同様、評価値（MCMAE）と説明変数の重要度を確認
します。MCMAEは「1.2762」となり、ベースライン（MCMAE=1.3503）よりもよくなって
いることを確認できました。

スクリプト 8-44 評価値の取得

```
print("MCMAE: {:.4f}".format(df_metrics["mae"].mean()))
display(pd.pivot_table(df_metrics, index="nfold", columns="target", values="mae", ⮑
aggfunc=np.mean, margins=True))
```

結果表示

```
MCMAE: 1.2762
```

target nfold	target1	target2	target3	target4	All
0	1.2871	2.1877	0.8728	1.2038	1.3878
1	1.1817	1.8950	0.8248	1.5521	1.3634
2	1.1002	1.5747	0.7525	0.8820	1.0774
All	1.1897	1.8858	0.8167	1.2126	1.2762

　また、重要度を確認すると、追加したラグ特徴量がかなり上位を占めていることが分かります。目的変数のラグ特徴量はとても効いているようです。

スクリプト 8-45　説明変数の重要度の確認

```
df_imp.groupby(["col"])["imp"].agg(["mean", "std"]).sort_values("mean", ascending=
False)[:10]
```

結果表示

col	mean	std
target3_mean_lag1month	1688014.9521	3455273.6685
playerId	1400102.7888	856757.8037
target1_mean_lag1month	1065649.4352	1980489.1468
target1_median_lag1month	892846.6924	1333219.0329
target3_std_lag1month	431693.7797	949798.9040
target4_mean_lag1month	391389.7266	832807.9512
target2_std_lag1month	376575.3955	661457.0040
target2_mean_lag1month	321696.2312	533681.4111
birthCity	299509.1416	188395.7614
target4_median_lag1month	292456.7648	622413.6875

8.4.4 モデル推論

　推論用データセットは学習データと同じ処理をすればよいので、ベースラインの「makedataset_for_predict」関数に一部処理を追記します。追記箇所は、下記**スクリプト 8-46**の太字の箇所です。target のラグ特徴量である df_agg_target は、2021/8 分まで作成してあるのでそのまま利用します。

スクリプト 8-46　推論用データセット作成の関数（太字が更新箇所）

```python
def makedataset_for_predict(input_x, input_prediction):
    test = input_x.copy()
    prediction = input_prediction.copy()

    # 日付型に変換
    prediction["date"] = pd.to_datetime(prediction["date"], format="%Y%m%d")
    # engagementMetricsDateとplayerIdを取り出す
    prediction["engagementMetricsDate"] = prediction["date_playerId"].apply(lambda x:
x[:8])
    prediction["engagementMetricsDate"] = pd.to_datetime(prediction["engagementMetrics
Date"], format="%Y%m%d")
    prediction["playerId"] = prediction["date_playerId"].apply(lambda x: int(x[9:]))

    # dateから特徴量を作成
    prediction["dayofweek"] = prediction["date"].dt.dayofweek
    prediction["yearmonth"] = prediction["date"].astype(str).apply(lambda x: x[:7])

    # dateカラムの作成・加工
    df_rosters = extract_data(test, col="rosters")
    df_rosters = df_rosters.rename(columns={"gameDate":"date"})
    df_rosters["date"] = pd.to_datetime(df_rosters["date"], format="%Y-%m-%d")

    # テーブルの結合
    df_test = pd.merge(prediction, df_players, on=["playerId"], how="left")
    df_test = pd.merge(df_test, df_rosters, on=["date", "playerId"], how="left")
    df_test = pd.merge(df_test, df_agg_target, on=["playerId", "yearmonth"], how="left")

    # 説明変数の作成
    x_test = df_test[[
```

```
        "playerId", "dayofweek",
        "birthCity", "birthStateProvince", "birthCountry", "heightInches", "weight",
        "primaryPositionCode", "primaryPositionName", "playerForTestSetAndFuturePreds"
    ] + col_rosters + col_agg_target]
    id_test = df_test[["engagementMetricsDate","playerId","date_playerId","date", ⤵
"yearmonth","playerForTestSetAndFuturePreds"]]

    # カテゴリ変数をcategory型に変換
    for col in ["playerId", "dayofweek", "birthCity", "birthStateProvince", ⤵
"birthCountry", "primaryPositionCode", "primaryPositionName"] + col_rosters:
        x_test[col] = x_test [col].astype("category")

    return x_test, id_test
```

　これで推論の準備が終わったので、あとはベースラインと同じスクリプトを用いて、推論処理を行います。処理がエラーなく完了したら、8.3.6 項の最後に書いた手順に沿ってサブミットしてスコアを確認してみてください。

スクリプト 8-47　推論処理の実行（ベースラインと同一）

```
import mlb

env = mlb.make_env()
iter_test = env.iter_test()


for (test_df, sample_prediction_df) in iter_test:
    test = test_df.copy()
    prediction = sample_prediction_df.copy()
    prediction = prediction.reset_index(drop=False)

    print("date:", prediction["date"][0])

    # データセット作成
    x_test, id_test = makedataset_for_predict(test, prediction)

    # 推論処理
    df_test_pred = predict_lgb(x_test, id_test)
```

```
    # 提出データの作成
    df_submit = df_test_pred[["date_playerId", "target1","target2","target3","target4"]]

    # 後処理：欠損値埋め、0-100の範囲外のデータをクリッピング
    for i,col in enumerate(["target1","target2","target3","target4"]):
        df_submit[col] = df_submit[col].fillna(0.)
        df_submit[col] = df_submit[col].clip(0, 100)

    # 予測値データの提出
    env.predict(df_submit)
print("Done.")
```

結果表示

```
This version of the API is not optimized and should not be used to estimate the runtime
of your code on the hidden test set.
date: 20210426
date: 20210427
date: 20210428
date: 20210429
date: 20210430
Done.
```

第8章

　サブミットすると Private Score が「1.4444」であることが確認できます。手元の検証結果
と同様、評価期間である 8 月のデータでもスコアが上がっていることを確認できました。

8.5 モデルチューニング

　モデルチューニングでは、いくつかの方法がありますが、本節では「ニューラルネットワーク」を用いることにします。

　ニューラルネットワークを採用した理由は、1 モデルで複数の目的変数を設定できるからです。1 つのモデルで target1 ～ 4 を同時に学習できるようになるので、モデル学習とスクリプト管理が楽になります。また、目的変数間の相関係数を計算してみると 0.3 ～ 0.4 となり、ある程度相関がありそうです。そこで、マルチタスク（複数の目的変数を同時学習すること）にすることにより精度向上することも期待しています。

スクリプト 8-48　目的変数間の相関係数の算出

```
df_engagement[["target1", "target2", "target3", "target4"]].corr()
```

結果表示

	target1	target2	target3	target4
target1	1.0000	0.3529	0.3833	0.3252
target2	0.3529	1.0000	0.3660	0.4988
target3	0.3833	0.3660	1.0000	0.3229
target4	0.3252	0.4988	0.3229	1.0000

　まずは追加ライブラリをインポートします。

スクリプト 8-49　ライブラリのインポート

```
from sklearn.preprocessing import LabelEncoder

import tensorflow
from tensorflow.keras.models import Sequential, Model
from tensorflow.keras.layers import Input, Dense, Dropout, BatchNormalization, ⤵
Activation, Concatenate
```

```
from tensorflow.keras.callbacks import EarlyStopping, ModelCheckpoint, ⤸
ReduceLROnPlateau, LearningRateScheduler
from tensorflow.keras.optimizers import Adam, SGD
from tensorflow.keras.layers import Embedding, Flatten
```

◗ 8.5.1 データセット作成

　説明変数と目的変数の作成では、前節「8.4 特徴量エンジニアリング」のスクリプトをそのまま流用します。

スクリプト 8-50 学習用データセットの前処理

```
# 説明変数と目的変数の作成
x_train = df_train[[
    "playerId", "dayofweek",
    "birthCity", "birthStateProvince", "birthCountry", "heightInches", "weight",
    "primaryPositionCode", "primaryPositionName", "playerForTestSetAndFuturePreds"
] + col_rosters + col_agg_target]
y_train = df_train[["target1","target2","target3","target4"]]
id_train = df_train[["engagementMetricsDate","playerId","date_playerId","date",⤸
"yearmonth","playerForTestSetAndFuturePreds"]]

print(x_train.shape, y_train.shape, id_train.shape)
```

結果表示

```
(1003707, 33) (1003707, 4) (1003707, 6)
```

　説明変数は同じものを使いますが、6.2.2 項で書いたように、ニューラルネットワークでは、欠損値の補間と正規化および数値化が必要です。これらの処理は「数値」と「カテゴリ変数」で異なるため、2 つに分けて処理します。それに先立って、数値のカラムリストとカテゴリ変数のカラムリストを**スクリプト 8-51** のように作成します。なお、33 個の説明変数のうち数値データは 23 個、カテゴリ変数は 10 個となっています。

スクリプト 8-51 数値とカテゴリ変数のカラムリストを作成

```
col_num = ["heightInches", "weight","playerForTestSetAndFuturePreds"] + col_agg_target
col_cat = ["playerId", "dayofweek", "birthCity", "birthStateProvince", "birthCountry"
, "primaryPositionCode", "primaryPositionName"] + col_rosters
print(len(col_num), len(col_cat))
```

結果表示

```
23 10
```

● 数値データの欠損値補間と正規化

欠損値補間と正規化の方法は色々選択肢がありますが、ここでは次のようにします。

● 欠損値は 0 で埋める
● 正規化は 0 〜 1 の範囲になるように変換する

欠損値は平均値や中央値で埋める方法もありますし、標準化で変換する方法もありますので、それによって精度がどう変わるかを試してみてください。

また、推論データに対しても同じ処理を再現するには「補間の値」「最大値」「最小値」が必要なので、説明変数ごとに「dict_num」に辞書型で保管しています。

スクリプト 8-52 数値データの欠損値補間・正規化

```
dict_num = {}
for col in col_num:
    print(col)
    # 欠損値補間：0で埋める
    value_fillna = 0
    x_train[col] = x_train[col].fillna(value_fillna)

    # 正規化（0〜1になるように変換）
    value_min = x_train[col].min()
    value_max = x_train[col].max()
    x_train[col] = (x_train[col] - value_min) / (value_max - value_min)

    # testデータにも適用できるように保存
    dict_num[col] = {}
```

```
    dict_num[col]["fillna"] = value_fillna
    dict_num[col]["min"] = value_min
    dict_num[col]["max"] = value_max


print("Done.")
```

結果表示

```
heightInches
weight
playerForTestSetAndFuturePreds
target1_mean_lag1month
target1_median_lag1month
target1_std_lag1month
target1_min_lag1month
target1_max_lag1month
target2_mean_lag1month
target2_median_lag1month
target2_std_lag1month
target2_min_lag1month
target2_max_lag1month
target3_mean_lag1month
target3_median_lag1month
target3_std_lag1month
target3_min_lag1month
target3_max_lag1month
target4_mean_lag1month
target4_median_lag1month
target4_std_lag1month
target4_min_lag1month
target4_max_lag1month
Done.
```

● カテゴリ変数の欠損値補間と数値化

カテゴリ変数に対しては、次のようにしています。

- 欠損値は「unknown」で埋める
- カテゴリの値を 0 からはじまる整数にマッピングさせて数値に変換する

　playerId など種類数が多い変数があるため、第 6 章（6.2.2 項）で説明した「埋め込み層あ りのネットワークモデル」を用いることにします。このため、ここでは label-encoder を用い て数値に変換しています。

　こちらも推論データに対して再現できるように、「補間の値」「カテゴリと数値のマッピング 表」を「dict_cat」に保管しています。

> **スクリプト 8-53**　カテゴリ変数の欠損値補間・数値化

```python
dict_cat = {}
for col in col_cat:
    print(col)
    # 欠損値補間：unknownで埋める
    value_fillna = "unknown"
    x_train[col] = x_train[col].fillna(value_fillna)

    # str型に変換
    x_train[col] = x_train[col].astype(str)

    # ラベルエンコーダー：0からはじまる整数に変換
    le = LabelEncoder()
    le.fit(x_train[col])
    list_label = sorted(list(set(le.classes_) | set(["unknown"])))
    map_label = {j:i for i,j in enumerate(list_label)}
    x_train[col] = x_train[col].map(map_label)

    # testデータにも適用できるように保存
    dict_cat[col] = {}
    dict_cat[col]["fillna"] = value_fillna
    dict_cat[col]["map_label"] = map_label
    dict_cat[col]["num_label"] = len(list_label)

print("Done.")
```

> **結果表示**

```
playerId
dayofweek
birthCity
```

```
birthStateProvince
birthCountry
primaryPositionCode
primaryPositionName
teamId
statusCode
status
Done.
```

　これらの処理を推論データにも適用するための関数を作成します。その際、先ほど保存した「dict_num」「dict_cat」を呼び出して処理しています。

スクリプト 8-54　欠損値補間・正規化／数値化の関数化（推論用）

```python
def transform_data(input_x):
    output_x = input_x.copy()

    # 数値データの欠損値補間・正規化
    for col in col_num:
        # 欠損値補間：平均値で埋める
        value_fillna = dict_num[col]["fillna"]
        output_x[col] = output_x[col].fillna(value_fillna)

        # 正規化（0〜1になるように変換）
        value_min = dict_num[col]["min"]
        value_max = dict_num[col]["max"]
        output_x[col] = (output_x[col] - value_min) / (value_max - value_min)

    # カテゴリ変数の欠損値補間・数値化
    for col in col_cat:
        # 欠損値補間：unknownで埋める
        value_fillna = dict_cat[col]["fillna"]
        output_x[col] = output_x[col].fillna(value_fillna)

        # str型に変換
        output_x[col] = output_x[col].astype(str)

        # ラベルエンコーダー：0からはじまる整数に変換
```

```
        map_label = dict_cat[col]["map_label"]
        output_x[col] = output_x[col].map(map_label)
        # 対応するものがない場合はunknownのラベルで埋める
        output_x[col] = output_x[col].fillna(map_label["unknown"])


    return output_x
```

8.5.2 モデル学習

ニューラルネットワークのモデルを定義します。

8.5.1 項のところにも記載しましたが、カテゴリ変数の持つ値の種類数が多いデータであるため、「埋め込み層ありのネットワークモデル」を用いることにします。

まずはネットワーク構造としてはシンプルに浅い階層にしています。ニューラルネットワークのモデルは自由度が高いので、さらなる精度改善をしたい場合には、層の数や各層のノード数などといったネットワークの構造を色々変えてみてください。

スクリプト 8-55　ニューラルネットワークのモデル定義

```python
def create_model(col_num=["heightInches", "weight"],
                 col_cat=["playerId", "teamId", "dayofweek"],
                 show=False,
                 ):
    input_num = Input(shape=(len(col_num),))
    input_cat = Input(shape=(len(col_cat),))

    # numeric
    x_num = input_num

    # category
    for i,col in enumerate(col_cat):
        tmp_cat = input_cat[:, i]
        input_dim = dict_cat[col]["num_label"]
        output_dim = int(input_dim/2)
        tmp_cat = Embedding(input_dim=input_dim, output_dim=output_dim)(tmp_cat)
        tmp_cat = Dropout(0.2)(tmp_cat)
        tmp_cat = Flatten()(tmp_cat)
        if i==0:
            x_cat = tmp_cat
        else:
            x_cat = Concatenate()([x_cat, tmp_cat])

    # concat
    x = Concatenate()([x_num, x_cat])
```

```
    x = Dense(128, activation="relu")(x)

    x = BatchNormalization()(x)

    x = Dropout(0.1)(x)

    output = Dense(4, activation="linear")(x)


    model = Model(inputs=[input_num, input_cat], outputs=output)

    model.compile(optimizer="Adam", loss="mae", metrics=["mae"])


    if show:

        print(model.summary())

    else:

        return model
```

スクリプト 8-56 　モデル構造の確認

```
create_model(col_num=col_num,

             col_cat=col_cat,

             show=True)
```

結果表示

（省略）

　学習については LightGBM の学習用関数をカスタマイズして、ニューラルネットワークに適用できるようにします。ほとんど同じですが、変更箇所は以下になります。

- データフレームを array 型に変換
- 出力が 4 次元（target1、2、3、4）なので、df_pred_valid をその形式に合わせる

スクリプト 8-57 　学習用の関数をニューラルネットワーク用にカスタマイズ

```
def train_tf(input_x,

             input_y,

             input_id,

             list_nfold=[0,1,2],

             mode_train="train",

             batch_size=1024,

             epochs=100,
```

```
    ):
    # 推論値を格納する変数の作成
    df_valid_pred = pd.DataFrame()
    # 評価値を入れる変数の作成
    metrics = []

    # validation
    cv = []
    for month_tr, month_va in list_cv_month:
        cv.append([
            input_id.index[input_id["yearmonth"].isin(month_tr)],
            input_id.index[input_id["yearmonth"].isin(month_va) & (input_id[↩
"playerForTestSetAndFuturePreds"]==1)],
        ])

    # モデル学習 (foldごとに学習)
    for nfold in list_nfold:
        print("-"*20, "fold:", nfold, "-"*20)
        idx_tr, idx_va = cv[nfold][0], cv[nfold][1]

        x_num_tr, x_cat_tr, y_tr = input_x.loc[idx_tr, col_num].values, input_x.loc[↩
idx_tr, col_cat].values, input_y.loc[idx_tr, :].values
        x_num_va, x_cat_va, y_va = input_x.loc[idx_va, col_num].values, input_x.loc[↩
idx_va, col_cat].values, input_y.loc[idx_va, :].values
        print(x_num_tr.shape, x_cat_tr.shape, y_tr.shape)
        print(x_num_va.shape, x_cat_va.shape, y_va.shape)

        filepath = "model_tf_fold{}.h5".format(nfold)

        if mode_train=="train":
            print("training start.")
            seed_everything(seed=123) #スクリプト6-15で定義した関数を利用
            model = create_model(col_num=col_num, col_cat=col_cat, show=False)
            model.fit(x=[x_num_tr, x_cat_tr],
                    y=y_tr,
                    validation_data=([x_num_va, x_cat_va], y_va),
                    batch_size=batch_size,
                    epochs=epochs,
                    callbacks=[
```

```
                            ModelCheckpoint(filepath= filepath, monitor="val_loss", ⤸
mode="min", verbose=1, save_best_only=True, save_weights_only=True),
                            EarlyStopping(monitor="val_loss", mode="min", min_delta=0, ⤸
patience=10, verbose=1, restore_best_weights=True),
                            ReduceLROnPlateau(monitor="val_loss", mode="min", factor=⤸
0.1, patience=5, verbose=1),
                        ],
                        verbose=1,
                    )
        else:
            print("model load.")
            model = create_model(col_num=col_num, col_cat=col_cat, show=False)
            model.load_weights(filepath)
            print("Done.")


        # validの推論値取得
        y_va_pred = model.predict([x_num_va, x_cat_va])
        tmp_pred = pd.concat([
            id_va,
            pd.DataFrame(y_va, columns=["target1_true","target2_true","target3_⤸
true","target4_true"]),
            pd.DataFrame(y_va_pred, columns=["target1_pred","target2_pred","target3_⤸
pred","target4_pred"]),
        ], axis=1)
        tmp_pred["nfold"] = nfold
        df_valid_pred = pd.concat([df_valid_pred, tmp_pred], axis=0, ignore_index=True)


        # 評価値の算出
        metrics.append(["target1", nfold, np.mean(np.abs(y_va[:,0] - y_va_pred[:,0]))])
        metrics.append(["target2", nfold, np.mean(np.abs(y_va[:,1] - y_va_pred[:,1]))])
        metrics.append(["target3", nfold, np.mean(np.abs(y_va[:,2] - y_va_pred[:,2]))])
        metrics.append(["target4", nfold, np.mean(np.abs(y_va[:,3] - y_va_pred[:,3]))])

    print("-"*10, "result", "-"*10)
    # 評価値
    df_metrics = pd.DataFrame(metrics, columns=["target", "nfold", "mae"])
    print("MCMAE: {:.4f}".format(df_metrics["mae"].mean()))


    # validの推論値
```

```
    df_valid_pred_all = pd.pivot_table(df_valid_pred,
                                index=["engagementMetricsDate","playerId",
"date_playerId","date","yearmonth","playerForTestSetAndFuturePreds"],
                                columns=["nfold"], values=list(df_valid_pred.
columns[df_valid_pred.columns.str.contains("target")]), aggfunc=np.sum)
    df_valid_pred_all.columns = ["{}_fold{}_{}".format(i.split("_")[0], j,i.split("_")
[1]) for i,j in df_valid_pred_all.columns]
    df_valid_pred_all = df_valid_pred_all.reset_index(drop=False)

    return df_valid_pred_all, df_metrics
```

　作成した関数を用いて学習を実行してください。この例ではデータ量を絞ったり、モデルを
シンプルにしてますが、データ量を増やしたり複雑なモデル構造にした場合には処理時間がか
かるため、必要に応じて GPU に切り替えてください。その際、tensorflow ではコード改変な
しで対応できます。

スクリプト 8-58 学習の実行

```
df_valid_pred, df_metrics = train_tf(x_train,
                                y_train,
                                id_train,
                                list_nfold=[0,1,2],
                                mode_train="train",
                                batch_size=1024,
                                epochs=1000,
                                )
```

結果表示

```
------------------- fold: 0 -------------------
(752265, 23) (752265, 10) (752265, 4)
(36797, 23) (36797, 10) (36797, 4)
training start.
Epoch 1/1000
735/735 [==============================] - 47s 61ms/step - loss: 0.9341 - mae: 0.9341 -
val_loss: 1.3977 - val_mae: 1.3977

Epoch 00001: val_loss improved from inf to 1.39767, saving model to model_tf_fold0.h5
```

```
Epoch 2/1000
735/735 [==============================] - 46s 62ms/step - loss: 0.8791 - mae: 0.8791 -
val_loss: 1.4000 - val_mae: 1.4000
 （省略）
---------- result ----------
MCMAE: 1.2749
```

　検証データを対象とした評価値（MCMAE）を確認すると、「1.2762」から「1.2749」にスコアが良くなっていました。一般に、テーブルデータではニューラルネットワークよりもLightGBMの方が精度が良くなるものですが、今回の場合は若干ですがニューラルネットワークの方が精度がよい（MCMAEが小さい）結果となりました。8.5節のはじめに書いたように、4つの目的変数を同時学習させるマルチタスクが効いてるのかもしれません。

スクリプト 8-59　評価値の確認

```
print("MCMAE: {:.4f}".format(df_metrics["mae"].mean()))
display(pd.pivot_table(df_metrics, index="nfold", columns="target", values="mae", ⤵
aggfunc=np.mean, margins=True))
```

結果表示

```
MCMAE: 1.2749
```

target	target1	target2	target3	target4	All
nfold					
0	1.2842	2.1993	0.8792	1.2019	1.3912
1	1.1757	1.8948	0.8224	1.5313	1.3561
2	1.0874	1.6056	0.7466	0.8701	1.0774
All	1.1824	1.8999	0.8161	1.2011	1.2749

8.5.3 モデル推論

「makedataset_for_predict」関数については、LightGBMのものをほぼ流用できます。変更箇所は1つだけで、「カテゴリ変数をcategory型に変更する」部分は不要なので削除あるいはコメントアウトしてください。

スクリプト 8-60 データセット作成関数をニューラルネットワーク用にカスタマイズ（太字が変更箇所）

```python
def makedataset_for_predict(input_x, input_prediction):
    test = input_x.copy()
    prediction = input_prediction.copy()

    # 日付型に変換
    prediction["date"] = pd.to_datetime(prediction["date"], format="%Y%m%d")
    # engagementMetricsDateとplayerIdを取り出す
    prediction["engagementMetricsDate"] = prediction["date_playerId"].apply(lambda x:
x[:8])
    prediction["engagementMetricsDate"] = pd.to_datetime(prediction["engagementMetrics
Date"], format="%Y%m%d")
    prediction["playerId"] = prediction["date_playerId"].apply(lambda x: int(x[9:]))

    # dateから特徴量を作成
    prediction["dayofweek"] = prediction["date"].dt.dayofweek
    prediction["yearmonth"] = prediction["date"].astype(str).apply(lambda x: x[:7])

    # dateカラムの作成・加工
    df_rosters = extract_data(test, col="rosters")
    df_rosters = df_rosters.rename(columns={"gameDate":"date"})
    df_rosters["date"] = pd.to_datetime(df_rosters["date"], format="%Y-%m-%d")

    # テーブルの結合
    df_test = pd.merge(prediction, df_players, on=["playerId"], how="left")
    df_test = pd.merge(df_test, df_rosters, on=["date", "playerId"], how="left")
    df_test = pd.merge(df_test, df_agg_target, on=["playerId", "yearmonth"], how="left")

    # 説明変数の作成
    x_test = df_test[[
        "playerId", "dayofweek",
```

```
        "birthCity", "birthStateProvince", "birthCountry", "heightInches", "weight",
        "primaryPositionCode", "primaryPositionName", "playerForTestSetAndFuturePreds"
    ] + col_rosters + col_agg_target]
    id_test = df_test[["engagementMetricsDate","playerId","date_playerId","date", ⤸
"yearmonth","playerForTestSetAndFuturePreds"]]

#       # カテゴリ変数をcategory型に変更（ニューラルネットワークでの書き換え箇所）
#       for col in ["playerId", "dayofweek", "birthCity", "birthStateProvince", ⤸
"birthCountry", "primaryPositionCode", "primaryPositionName"] + col_rosters:
#           x_test[col] = x_test [col].astype("category")

    return x_test, id_test
```

推論用の関数についても、LightGBM のものを一部カスタマイズするだけで対応できます。
変更箇所はモデル読み込みと推論値の計算のところです。

スクリプト 8-61　推論用関数をニューラルネットワーク用にカスタマイズ

```
def predict_tf(input_x,
               input_id,
               list_nfold=[0,1,2],
               ):
    # 推論値を入れる変数の作成
    test_pred = np.zeros((len(input_x), 4))

    # 数値とカテゴリ変数に分離
    x_num_test, x_cat_test = input_x[col_num], input_x[col_cat]

    for nfold in list_nfold:
        # モデルの読み込み（ニューラルネットワークでの書き換え箇所）
        filepath = "model_tf_fold{}.h5".format(nfold)
        model = create_model(col_num=col_num, col_cat=col_cat, show=False)
        model.load_weights(filepath)

        # validの推論値取得（ニューラルネットワークでの書き換え箇所）
        pred = model.predict([x_num_test, x_cat_test], batch_size=512, verbose=0)
        test_pred += pred / len(list_nfold)
```

```
# 推論値の格納
df_test_pred = pd.concat([
    input_id,
    pd.DataFrame(test_pred, columns=["target1","target2","target3","target4"]),
], axis=1)


return df_test_pred
```

　次に、推論スクリプトを作成します。ベースラインの推論スクリプトのうち、「欠損値補間・正規化」を追加するのと、「推論処理」の関数名を変えるだけです。

　作成したら「Save & Run All (commit)」ボタンを押して実行してください。エラーなく実行が無事終了したら、8.3.6 項の最後に書いた手順でサブミットして Private Score を確認してみてください。

スクリプト 8-62 推論処理の実行（太字が変更箇所）

```
import mlb

env = mlb.make_env()
iter_test = env.iter_test()

for (test_df, sample_prediction_df) in iter_test:
    test = test_df.copy()
    prediction = sample_prediction_df.copy()
    prediction = prediction.reset_index(drop=False)

    print("date:", prediction["date"][0])

    # データセット作成
    x_test, id_test = makedataset_for_predict(test, prediction)

    # 欠損値補間・正規化
    x_test = transform_data(x_test)

    # 推論処理
    df_test_pred = predict_tf(x_test, id_test)

    # 提出データの作成
```

```
        df_submit = df_test_pred[["date_playerId", "target1","target2","target3", ⏎
"target4"]]

    # 後処理：欠損値埋め、0-100の範囲外のデータをクリッピング
    for i,col in enumerate(["target1","target2","target3","target4"]):
        df_submit[col] = df_submit[col].fillna(0.)
        df_submit[col] = df_submit[col].clip(0, 100)

    # 予測値データの提出
    env.predict(df_submit)
print("Done.")
```

結果表示

```
This version of the API is not optimized and should not be used to estimate the runtime
of your code on the hidden test set.
date: 20210426
date: 20210427
date: 20210428
date: 20210429
date: 20210430
Done.
```

　長くなりましたが、本書での MLB コンペの説明は以上とします。

　このほかにも以下のような改良の余地があります。

- データ期間を増やす（1 年から 3 年半に拡大）
- 未使用のテーブルの利用（seasons.csv、teams.csv、awards.csv）
- 未使用のカラムの利用（train_updated.csv の games や playerBoxScores など）
- 説明変数のラグ特徴量の作成（前日のヒット数など）
- LightGBM のハイパーパラメータのチューニング
- ニューラルネットワークのネットワーク構造およびハイパーパラメータのチューニング
- 複数モデルのアンサンブル

　まだまだスコアを伸ばせる要素がたくさんありますので、是非チャレンジしてみてください。

　最後に、今回作成したモデルにおける検証データと、LB（private）の評価値（MCMAE）
を載せておきます。なお、設定しているシードや環境、ライブラリのバージョンによって数値

は多少異なることがあります。あくまで目安として見てくだされば と思います。

表 8-6 評価値（MCMAE）の一覧

#	モデル	検証データ				推論データ
		2021/5	2021/6	2021/7	平均値	2021/8
1	ベースライン	1.4663	1.4553	1.1292	1.3503	1.5318
2	特徴量追加	1.3878	1.3634	1.0774	1.2762	1.4444
3	ニューラルネットワーク	1.3912	1.3561	1.0774	1.2749	1.4143

第8章

Column

コラム⑧：MLB Player Digital Engagement Forecasting コンペ における金メダル獲得までの軌跡

　このコンペは、ちょうど本書の執筆をはじめたころに開始されました。「上位に食い込めれば、その内容を本に書けるかな」という下心もあって参加を決意しました。結果としては、著者初の金メダルを獲得し、Kaggle Master になることができました。非常に思い出深いコンペです。

　第 8 章では、2 カ月間取り組んだ内容のうち、はじめの 2 週間の内容を書いたので、ここでは残り 1 カ月半でやった内容を簡単に紹介します。おおよそ時系列順に書いています。

(1) 未使用のテーブル・カラムの追加

　8.5.2 項の、埋め込み層ありのニューラルネットワークをベースに、使用していないテーブルやカラムを追加しました。具体的には、train_updated.csv の未使用カラムを加工して特徴量を作り、データセットに加えたときにモデル精度が上がるかどうかを確認していきました。一気に投入するのではなく、train_updated.csv のカラムごとに採用・不採用を判断しています。また、効果の薄そうな変数は、1 つずつ加えて判断しました。

　かなり地道な作業ですが、丁寧にやることで徐々にスコアが上がっていきました。今回のデータでは、加えるほどに精度がよくなったので、楽しい作業でした。

　また、Code Competition では、学習時はバッチ処理、推論時はストリーム処理となるため、データセット作成スクリプトを共通化できるように、この時点で**図 8-15** のような形にしました。

図 8-15　学習時と推論時のデータセット作成関数の共通化

(2) 学習データの期間変更

　データセットの加工がおおよそ出来上がったので、次に学習データの期間を変えてみました。ここまでは学習データを「1 年」にしていたところを、「2 年」「3 年」「3 年半」のパターンを試

しました。検証データは変えずに学習データのみ増やしています。結果としては、増やすほど精度がよくなりました。

　ただ、学習データを増やすと学習時間が長くなるため、試行錯誤のサイクルが遅くなってしまいます。このため以降の作業では、基本的に 1 年に戻して試行錯誤をしました。

（3）公開 Notebook との比較

　ある程度「自力でやり切った」と感じたので、ここで公開 Notebook の中でスコアの高いものをいくつか見て、差分を比較しました。公開 Notebook によると、目的変数（デジタルエンゲージメント）のラグ特徴量がとても効くとのことでした。

　バリデーション設計の説明でも記載しましたが、推論期間にはデジタルエンゲージメントが手に入らないため、これをやるためには推論値を使った再帰的な推論が必要となります。そこで、目的変数のラグ特徴量を説明変数に入れてモデルを学習し、手元の検証データを用いて再帰的に推論した場合の精度評価を行ってみました。結果はやはり精度が悪化してしまいました。「もしかするとやり方が間違っているだけかも」と不安にはなりましたが、自分を信じて、この方法は使わないことにしました。

（4）スコアの停滞

　この時点でコンペ開始から 1 カ月、コンペの約半分の期間が過ぎていました。

　この時期になると、アイデアは枯渇気味でした。特徴量エンジニアリングで説明変数を色々と加工してみたり、ニューラルネットワークのネットワーク構造を変えたりしてみましたが、精度は「ほとんど変わらず」という状態でした。

　初心に戻って目的変数であるデジタルエンゲージメントを集計したり、可視化して隠れた傾向を見つけようとしたりしましたが、精度改善につながるようなものは何も見つけられませんでした。

　コンペはおおよそ 2 ～ 3 カ月と長いので、はじめから参加しているとアイデアが枯渇し、スコアが伸び悩む時期があるものです。ちょっと辛い時期ですが、「何か策があるはずだ」と信じて、諦めずに続けました。

（5）突破口となるアイデアを思い付く

　公開 Notebook にあった「目的変数のラグ特徴量が効く」のであれば、「前日や前々日のデータから得た中間層の値をモデルの中で再帰的に活用すればよいのでは？」と、ふと思いました。そして、それを実現するために、「LSTM（Long Short Term Memory）層を間に挟めばよいのでは」と考えました。LSTM はニューラルネットワークで時系列予測を行う際によく使われ、順

第 8 章

序性を加味して学習するものです。

　これをこれまでのネットワーク構造に追加しました。**図 8-16** に示すように、LSTM 層によって過去のデータを加味した予測が行われるようになります。

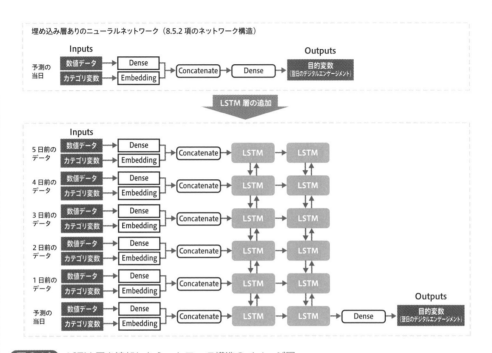

図 8-16　LSTM 層を追加したネットワーク構造のイメージ図

　このときは意識していませんでしたが、「説明変数のラグ特徴量」も精度向上に効きます。偶然ではありますが、LSTM を採用することで、これも取り込めています。

　この実装は結構大変でしたが、何とか実装してモデル学習したところ、検証データのスコアが大きく向上しました。ちなみに LSTM 層を取り入れることで、学習時間は大幅に長くなりました。ただし、それを上回る効果でした。

　LSTM 層で対象とする日数については、検証データを用いて色々なパターンで実験し、最終的に 5 日前までとすることにしました。

　リーダーボード上でもこの効果は発揮され、この時点で暫定的に 10 位以内に入ることができました。

（6）複数モデルのアンサンブルに着手

　最後の 2 週間くらいになって、シングルモデルでは安定性に不安があったので、複数モデルを

使ったアンサンブルにも着手しはじめました。

LSTM モデルのほかに、「LightGBM」と「埋め込み層ありのニューラルネットワーク」があったので、これらを使うことにしました。この 2 つは単体での精度は低いですが、3 モデルをアンサンブルすることで、多少ですがスコアを上げることができました。

もっと多くのモデルを作ってアンサンブルすることも考えましたが、コードコンペで 6 時間という推論時間の制約もありましたし、これ以上コードを複雑にしてバグを埋め込むのも怖かったので、3 モデルのみとしました。

アンサンブルの配合は検証データで調整し、「LSTM モデル」「LigthGBM」「埋め込み層ありのニューラルネットワーク」を「5：1：1」でアンサンブルしました。この時点で 3 位くらいの順位になっていました。

(7) 最新データでの再学習

このコンペでは、7/20 に 5 月〜 7 月末までの学習用データが改めて配布されたので、そのデータを使ってデータセットの再作成と、モデルの再学習を行いました。

これ自体は特に問題なく終わったのですが、怖いのは「これ以降はリーダーボードが意味をなさなくなること」です。なぜなら、当時はリーダーボードの数値は 5 月データでの評価値が載っていたのですが、デジタルエンゲージメントの値を含めて 5 月分のデータが配布され、学習にも使える状態になっていました。つまりリークした状態です。

モデルの精度は手元の検証データを信じてチューニングをすればよかったのですが、順位が分からないことが怖かったです。通常のコンペであれば、終盤は最後の追い上げで順位が目まぐるしく変わるのですが、それが目隠しされている状態でした。

(8) バリデーション設計見直しと動作検証

残り 1 週間くらいは、精度改善もしつつ、「8 月がどんな月でも安定して推論できること」、「評価期間でのエラー発生をなくすこと」を特に意識して取り組みました。

1 番目の「8 月がどんな月でも安定して推論できること」については、7 月のデータの傾向が 5 月・6 月と少し違ったので、特に心配でした。8 月の傾向が直近の 7 月に似ているのか、それとも 5 月・6 月に似ているのか、7 月末時点では誰にも分かりません。どこかの月に決めて検証するのが怖かったので、最終的には**図 8-10** のように 5・6・7 のすべてを検証データとしました。

実は**図 8-10** のバリデーション設計は、この最終段階で作成したものです。それまでは基本的には、シンプルに直近の 1 カ月のみを検証データとしていました。また、バリデーション設計は、このコンペ中、何度も変えています。これがキモだと思っていたので色んなパターンを試行しました。

2 番目の「評価期間でのエラー発生をなくすこと」については、8 月という未知のデータに対

しても正しく推論できることを確認するために、8 月のダミーデータを作成して動作検証をしました。これによっていくつかのバグが見つかりました。これをやっていなかったら…と思うとゾッとします。

　以上が筆者が取り組んだ内容です。

　コードの提出期限の 7 月末を迎えたあとは、8 月 1 カ月間の評価期間に突入しました。9 月 15 日の最終順位発表までに 2 回、中間発表が行われました。8 月第 1 週の結果はなんと 18 位で、絶望に打ちひしがれました。しかし、8 月中旬の発表では 9 位と盛り返し、最終発表では 8 位でした。

　結果待ちの 1 カ月半は気が気ではなかったですが、無事に金メダルを獲得できてホッとしました。こんなにドキドキしたのは久しぶりでした。最高に楽しかったです。

第 9 章

データサイエンティストの
未来

データサイエンティストの将来性

2012 年あたりにはじめて「データサイエンティスト」という言葉を聞いたときは、正直、すぐに消えるバズワードだと思っていました。

実際には消えるどころか、年々データサイエンティストの認知度は高まっており、今では筆者自身も、10 年後も 20 年後も職業として存在し続けると確信しています。

その理由としては、以下の 3 点が考えられます。本節ではこれらを順に説明します。

- ビジネス課題の解決が目的である
- ますます広がるデータ活用
- 分析は専門性が高い

● ビジネス課題の解決が目的である

データ分析というと「機械学習」「ディープラーニング」「AI」を真っ先に思い描く人が多いと思います。しかし、データ分析はあくまで手段であり、本質的な目的は「ビジネス課題を解決すること」です。

例えば「店舗の売上を伸ばしたい」「機器の故障によるサービス停止を回避したい」「コールセンタの顧客満足度を高めたい」「開発コードの品質を上げたい」「作業の属人性を排除したい」「開発工数を削減したい」など、色々な課題があります。売上向上や業務効率化、他社との差別化など絶えず頭を悩ませてます。

このような課題を解決するための 1 つの手段として「データ分析」が活用されます。当然、何でもできるわけではありませんが、工夫すれば、データを使って色々な課題を解決できます。課題がある限り、データサイエンティストの活躍の場は、存在し続けます。

● ますます広がるデータ活用

現代ではどの業種や分野を見渡しても、「データを持たない企業はほぼない」と言ってよいでしょう。しかし、十分に活用できているとは言えない状況にあります。

例えば、サーバの稼働監視のためにログを記録していても、溜めているだけで使われていな

いケースはよくあります。このデータをサーバの障害検知に利用することで、故障前に修理・交換して業務停止を未然に防ぐといった使い方ができます。また、駅や街中の監視カメラやドライブレコーダーでは証拠として録画しているだけのケースが多いですが、障害物検知や犯罪者の特定・追跡などの目的に利用することもできます。

　このように、データを記録・保有していても十分に活用できていない、そんなときこそデータサイエンティストの出番です。さらに今後は、課題解決やデータ分析のために新たに記録されるデータもますます増えていくと予想されます。

● 分析は専門性が高い

　近年、データ分析関連の書籍やWebサイトが増加し、OSSの分析ツールも充実してきたため、以前に比べるとデータ分析の敷居はかなり下がりました。しかし、分析の本質は課題解決なので、より重要なのは「ビジネス課題を見つけること」「ビジネス課題を分析で解ける問題へ落とし込むこと」です。また、その問題を解くための分析技術やツールを正しく選択して、使いこなしていくことも重要です。

　例えば、ビジネス課題の発見や分析問題へ落とし込む場面では、ビジネス的な知見と分析技術の両方を踏まえてこそ、ビジネス課題を適切な分析問題に落とし込むことができます。また、分析技術・ツールとして便利なものが登場していますが、使いこなすためには、使い方だけでなく、モデルや処理のロジックもある程度理解している必要があります。さらに、分析結果を分かりやすく伝えるためにはプレゼンテーション能力も必要です。

　いずれも自動化が難しく、しばらくは専門家が対応していくことになるでしょう。

　以上の3点の理由から、データサイエンティストの必要性・希少性はこれからも続き、ますます活躍の場は増えていくことでしょう。

第9章

Kaggler は実務で活躍できるのか？

「Kaggler」（カグラー）とは、Kaggle に参加している人のことを言います。「Kaggler が実務で活躍できるのか？」という問いを、Twitter などの書き込みでたまに見かけます。

実際に Kaggler がどんな仕事をして、どんな成果を出しているかは、お互いあまり知ることができません。たまに他社の人と会って会話することもありますが、守秘義務があるため、仕事内容や成果まで情報共有できないので真相は分かりません。

ただ、筆者個人の意見としては「活躍しているに決まっている！」と言いたいです。コンペに参加して同じ問題を解いていれば、Kaggler の上位陣のスキルの高さを実感できますし、ある程度の結果を残している人なら、実務でも十分活躍できるはずですし、実際に活躍しているはずです。

また、仮に上位に入っていなくても、3 カ月間のコンペを最初から最後まで完走し、Discussion や公開 Notebook の力を借りながらも自身で試行錯誤したのであれば、それだけで大きくスキルアップできます。それを何度も取り組んでいるのであれば相当なレベルに到達していると思います。

あと、筆者は「Kaggler に対する評価は Kaggler 一人ひとりの行動と結果」にかかっているとも考えています。コンペではお互いにライバル関係だけれども、切磋琢磨している「仲間」みたいな意識があるので、Kaggler の評判を上げるためにも業務でしっかり結果を出そうと意識しています。「Kaggler ってやっぱりすごいな」と言われるようになったら気分がよいですしね。

楽しい Kaggle

データサイエンティストに必要なスキルや、実際の分析方法など色々書きましたが、データ分析で一番重要なのは「やっていて面白い」ことです。

筆者は業務以外の、プライベートの時間に趣味でも分析をやってます。会社で分析業務をしたあとに、「早く家に帰って分析をしたい」と思うなんて、興味のない人から見たら正気の沙汰ではないかもしれません（笑）。でも、Kaggle にハマっている人なら、この感覚は共感してもらえると思います。

「分析に興味がある」「分析コンペって面白そうだな」と思った人は、それだけで素質があるので、是非、参加してみてください。素人には敷居が高そうに見えますが、順位なんてあとからついてくるものなので、気にする必要はありません。むしろ最初は順位が低い方が、後々の成長を実感できるはずです。臆せずに一歩を踏み出しましょう。

面白すぎて寝不足にならないように、健康に気を付けて分析を楽しんでください！

第
9
章

おわりに

　本書を読んでいただきありがとうございます。データ分析のスキルアップに本書が少しでも役立っていたら嬉しいです。

　執筆開始時、筆者の Kaggle 称号はまだ「Expert」だったので、「Expert が書籍なんて書いていいのか」と、とても不安でした。ですが、「むしろ Expert 目線の本が書けるのではないか」と思い直し、執筆を決意しました。ちなみに本書の執筆中に、第8章で題材にした MLB コンペで金メダルを獲得し、Master に昇格しました。少しでも本書の箔というか、やり方の正しさの証明になっていればいいなと思っています。

　本書の内容は、筆者の実践している分析のやり方を整理して、プロセス化したものです。数多くの実務経験と、数多くの分析コンペの参加経験に基づいています。そして実務においても、このままを実践しています。

　ただ、本書ではあくまで大きな枠組みを示しただけです。特徴量エンジニアリングだけでもまだまだ色々な手法がありますし、モデルにも色々な選択肢があります。そして、タスクに応じて適切なものを選択して利用しなければなりません。

　そのスキルを手に入れる1つの方法は「経験を重ねる」ことです。実務で直面するタスクは実に様々で、タスクによって解き方も異なります。タスクは多種多様ではありますが、類似するものもあるので、多くのタスクを経験しておくことは非常に価値があります。なので、積極的に多くの実務案件を経験してください。特に自身がやったことない領域であればなお良いです。また、その1つとして分析コンペも活用してください。きっと経験した数だけデータサイエンティストとして大きく成長できると信じています。

　そして、筆者自身も今後多くの分析業務や分析コンペを経験し、データサイエンティストとしてさらに成長したいと思っています。

謝辞

　編集者の新関卓哉さん、蒲生達佳さん、松本昭彦さん、このような機会をいただきありがとうございました。考え方を文書化する過程を経て、自身の分析プロセスを再整理することができ、とてもよい経験になりました。

本書作成のきっかけを作ってくださった吉田順さん、また、忙しいなか内容のチェックをしてくださった吉田紗枝さん、鈴木尚宏さん、和田絢也さん、松本晃さん、田中聡一朗さん、饗庭健司さん、細川雅弘さん、山崎功一朗さん、ありがとうございました。

　そして、齊藤拓磨さんにも内容のチェックをしていただき、ありがとうございました。彼とは仕事を通じて知り合ったのですが、プライベートでも多くのコンペでチームを組んで参加しています。とてもいい刺激をもらっていますし、彼との出会いが私のデータ分析人生を大きく変えたと言っても過言ではありません。これからもよろしくお願いします。

　もし本書を読んで「データ分析をやってみたいかも」と感じた人は、騙されたと思って一度分析コンペに参加してみてください。分析やプログラミング経験がゼロでも大丈夫です。私もほぼゼロだったのですから。重要なのは「やりたい」と思うかどうかです。一緒に分析を楽しみましょう。

2022 年 4 月　諸橋政幸

索引

■ 著者プロフィール

諸橋 政幸（もろはし まさゆき）

株式会社日立製作所　Lumada Data Science Lab.
東北大学大学院卒（理学研究科 物理学専攻）。1999 年に日立製作所へ入社。2012 年にデータ分析部署（その年度に新設）に異動し、データ分析を使って顧客課題を解決する業務に従事。分析経験ゼロからスタートし、約 10 年間の実務経験を経て今に至る。
分析コンペ歴は約 6 年。Kaggle 称号は Master（2022 年 1 月現在のメダル獲得数は金 1 個、銀 6 個、銅 3 個）。また SIGNATE の創薬コンペで優勝、Nishika のレコメンドコンペで 2 位入賞。趣味は「卓球」と「ゲーム（主に対戦格闘）」、そして「分析」。

Kaggle で磨く 機械学習の実践力
—— 実務 x コンペが鍛えたプロの手順

© 諸橋政幸 2022

2022年 6月 2日　第 1 版 第 1 刷発行	著　者	諸橋 政幸
2024年 3月 25日　第 1 版 第 3 刷発行	発 行 人	新関 卓哉
	企画担当	蒲生 達佳
	編集担当	松本 昭彦
	発 行 所	株式会社リックテレコム
		〒 113-0034 東京都文京区湯島 3-7-7
	振替	00160-0-133646
	電話	03（3834）8380（代表）
	URL	https://www.ric.co.jp/

編集協力・組版	株式会社トップスタジオ
印刷・製本	シナノ印刷株式会社

● 訂正等
本書の記載内容には万全を期しておりますが、万一誤りや情報内容の変更が生じた場合には、当社ホームページの正誤表サイトに掲載しますので、下記よりご確認ください。
＊正誤表サイト URL
https://www.ric.co.jp/book/errata-list/1

● 本書の内容に関するお問い合わせ
FAX または下記の Web サイトにて受け付けます。回答に万全を期すため、電話でのご質問にはお答えできませんのでご了承ください。
・FAX：03-3834-8043
・読者お問い合わせサイト：https://www.ric.co.jp/book/のページから「書籍内容についてのお問い合わせ」をクリックしてください。

製本には細心の注意を払っておりますが、万一、乱丁・落丁（ページの乱れや抜け）がございましたら、当該書籍をお送りください。送料当社負担にてお取り替え致します。

ISBN978-4-86594-326-9
Printed in Japan